# 나민애의
# 동시 읽기
# 좋은 날

**일러두기**

- 일부 시는 국립국어원 맞춤법과 띄어쓰기에 맞춰 다듬었으나 시의 말맛을 살리는 시적 허용, 문장 부호 등은 그대로 두었습니다.
- 수록된 EBS 〈딩동댕 유치원〉 방송 QR코드와 함께 보시면 시를 더 풍성하게 즐길 수 있습니다.
- KOMCA 승인필−이 책에 수록된 〈아기 염소〉 가사 인용은 한국음악저작권협회의 승인을 받았습니다.

**참고한 책**

- 김유진, 《나는 보라》, 창비, 2021
- 김유진, 《뽀뽀의 힘》, 창비, 2014
- 박승우, 《힘내라 달팽이!》, 상상, 2022
- 손동연, 《날마다 생일》, 푸른책들, 2023
- 이정록, 《콧구멍만 바쁘다》, 창비, 2009
- 장세정, 《모든 순간이 별》, 상상, 2022

**나민애의 동시 읽기 좋은 날** : 도란도란 읽고 또박또박 따라 쓰는 감수성 동시 수업

1판 1쇄 인쇄 2025. 3. 21.
1판 1쇄 발행 2025. 3. 28.

지은이 나민애
그린이 최도은
기획 ㈜풀꽃연구소

발행인 박강휘
편집 임여진 | 디자인 지은혜 | 마케팅 이헌영 | 홍보 이한솔, 강원모
발행처 김영사
등록 1979년 5월 17일(제406-2003-036호)
주소 경기도 파주시 문발로 197(문발동) 우편번호 10881
전화 마케팅부 031)955-3100, 편집부 031)955-3200 | 팩스 031)955-3111

값은 뒤표지에 있습니다.
ISBN 979-11-7332-122-1 13590

홈페이지 www.gimmyoung.com    블로그 blog.naver.com/gybook
인스타그램 instagram.com/gimmyoung  이메일 bestbook@gimmyoung.com

좋은 독자가 좋은 책을 만듭니다.
김영사는 독자 여러분의 의견에 항상 귀 기울이고 있습니다.

도란도란 읽고 또박또박 따라 쓰는
감수성 동시 수업

# 나민애의
# 동시 읽기
# 좋은 날

**나민애** 지음

최도은 그림

김영사

# 사랑의 재료가 필요할 때, 동시

**아기 엄마** 아이가 말이 느려요. 무슨 학습지를 풀릴까요?

**나민애** 아기인데 학습지라뇨. 동요를 많이 불러주세요.

**유치원생 엄마** 감성 동화 전집을 사서 읽혀야 할까요?

**나민애** 너무 비싼걸요. 동시를 읽으세요. 함께 읽으면서 아이를 안아주세요.

**초등학생 엄마** 아이가 MBTI 'T(사고형)'인가 봐요. 감정 묘사를 이해하지 못해요.

**나민애** 어머니, 큰일 나지 않았어요. 아이가 다 컸다고 생각하지 마시고 동시를 읽혀보세요. 마음으로 느낄 수 있게요.

강연 때마다 반복되는 질의응답이에요. 저 고민이 내 이야기다 싶으면 동시가 정답이에요. 저런 고민이 없을 때 읽으면 더 좋아요. 사랑스러운 아이와 사랑이 넘치는 시간을 보내고 싶다면 동시가 참 좋아요. 우리에게 사랑의 재료가 필요할 때, 동시를 기억하세요. 동시는 어쩜 우리 아이와 똑같은지요. 맑고 아름답고 사랑스럽고 소중해요. 마음에 아무리 많이 넣어도 탈이 나지 않아요.

2024년 EBS 〈딩동댕 유치원〉에서는 국내 최초로 어린이 동시 프로그램 '와우~ 떠오른다, 시!'를 만들었습니다. 저는 작품 자문을 하고 직접 출연도 했죠. 매주 화요일마다 '시샘'이 되어 아이들을 찾아갔어요. 애쓴 만큼 행복했습니다. 아이들에게 동시를 돌려줄 수 있다니요.

　방송을 무료로 보실 수 있게 책에 QR코드를 꼼꼼히 넣었어요. '1분 엄마 학교'와 '이런 이야기를 해보세요'에는 엄마를 위한 동시 해설과 읽기 가이드를, '이런 활동은 어때요?'에서는 제가 제 아이들과 했던 놀이를 그대로 넣었어요. 이 책에서 소개하는 작품들은 다 좋은 작품입니다. 사탕처럼 녹여 드세요. 하나씩 느리게 읽고, 감상하고, 즐기고, 나누세요.

　《나민애의 동시 읽기 좋은 날》은 모든 집에 '시의 선생님'을 한 명씩 보내드리고 싶어서 만든 책입니다. 아이가 동시대로만 자라준다면 우리 사회는 덜 아프고 덜 힘들고 덜 고된 곳이 되지 않을까, 이런 희망으로 만들었습니다. 이 책을 통해 어린아이에게 시를, 어린아이에게 행복을, 어린아이에게 사랑을 전하고 싶습니다.


모든 아이와 엄마가

시 속에서 행복하기를.


나민애 올림

# 차례

이 책에 실린
동시 읽는 법

# 나무는

이창건

연 ┬ 행 ← 봄비 맞고

　　└ 행 ← 새순 트고

❶

여름비 맞고

몸집 크고

가을비 맞고

생각에 잠긴다.

❷

나무는

나처럼.

# 1

## 어제보다 오늘 더 행복해

♥ 소중한
일상의 시 ♥

# 풀꽃

나태주

자세히 보아야
예쁘다

오래 보아야
사랑스럽다

너도 그렇다.

이 시를 쓴 시인은 저의 아버지입니다. 그래서 자신 있게 말씀드릴 수 있어요. 이건 어린이의, 어린이를 위한, 어린이에 대한 시랍니다.

나태주 시인은 오랫동안 초등학교 선생님으로 일했어요. 어느 날 시인은 아이들과 함께 학교 운동장으로 그림을 그리러 나갔대요. 거기서 아이들이 풀꽃을 이리 보고, 저리 보고, 아주 흔하고 작은 꽃인데도 열심히 바라보는 것을 보고 무척 감동받았다고 합니다. 풀꽃을 바라보는 아이들이 바로 풀꽃같이 사랑스럽고 예뻤대요.

그런데 정작 이 시를 먼저 좋아한 것은 어른들이에요. 엄마들도 아시죠. 우리 모두 사랑받을 자격이 있는데, 살다 보면 스스로를 예뻐하지 못하게 되잖아요. 이 시는 어른이든 어린이든 모든 사람이 예쁘고 사랑스럽다는 응원의 메시지이기도 해요. 아이 학교의 복도나 식당에도 종종 걸려 있답니다.

　여기서 풀꽃은 곧 '사람'입니다. 사람을 어떻게 꽃에 비유할 수 있는지 아이에게 알려주세요. 사람은 원래 아름답고 소중한 존재여서 꽃에 비유하는 거라고, 그래서 사랑하는 사람에게는 예쁜 꽃을 선물하는 거라고 알려주세요. 아이를 꼭 안고 이 세상에서 가장 소중한 꽃이 있다면 바로 그게 너라고, 사람을 꽃으로 대하는 게 바로 사랑이라고, 엄마는 너를 꽃으로 생각한다고 말해주세요.

　사실 엄마 눈에 아이는 자세히 '안' 봐도 사랑스럽고 오래 '안' 봐도 예쁜 존재입니다. 그렇지만 우리 아이가 다른 사람에게도 그렇게 보일까요. 다 자라서도 곱게만 보일까요. 살다 보면 누군가에게 미움받아 힘든 날도 오겠죠. 우리 아이가 자라서 꽃을 볼 때마다 '저게 나였지', '우리 엄마는 나를 꽃으로 봐준 사람이었지'라고 생각하기를 간절하게 바랍니다. 정말이지 그런 마음으로 힘을 내어 어른의 삶을 살아주었으면 합니다. 우리 아이 인생에 꽃길만 깔아줄 수는 없지만, 마음속에 풀꽃 하나 심어주고 싶은 게 엄마의 마음입니다.

## ✏️ 이런 활동은 어때요?

### 〈풀꽃〉 다시 쓰기

나태주 시인이 운영하는 작은 문학관이 있어요. 충청남도 공주시에 있는 나태주풀꽃문학관이라는 곳인데, 거기서 '〈풀꽃〉 다시 쓰기' 백일장을 연 적이 있습니다. 정말 많은 사람이 다시 쓴 시를 보내왔어요. '너만 그렇다'라든지 '너만 안 그렇다'라든지, 웃기고 흥미로운 패러디도 많았어요. 풀꽃이 아닌 다른 대상으로 시를 다시 써보세요. 우리 아이만의 작품이 태어날 겁니다.

작품을 마구 패러디하면 시인이 기분 나쁘지 않겠냐고요? 걱정 마세요. 나태주 시인은 자기 작품이 재탄생되는 것을 매우 즐기는 사람이거든요. 여러분이 어떻게 쓰든 "아이구, 잘 썼구나!" 하실 거예요. 저도 방금 하나 썼습니다! 제목은 〈파리〉입니다.

자세히 봤는데
안 예쁘다

오래 봤는데
안 사랑스럽다

파리가 그렇다.

# 개울물

권정생

빤들 햇빛에
세수하고
어덴지* 놀러 간다
*어느 데인지

허넙적
허넙적

또로롤롱
쪼로롤롱

쪼올딱
쪼올딱

띵굴렁
띵굴렁

어덴지
어덴지
참 좋은 델
가나 봐.

16

권정생 시인은 어른과 아이, 그러니까 우리 모두가 꼭 읽었으면 좋을 것 같은 작품, 우리 모두가 읽기에 가장 좋은 작품을 썼습니다. 이 시를 읽기 전에 이렇게 이야기해주세요.

"이 시는 권정생 선생님이 쓴 시야. 이분은 《강아지똥》도 쓰고 《사과나무밭 달님》도 쓰고 《몽실 언니》도 썼어. 다 무척 유명한 작품인데 그 책을 팔아서 돈을 많이 버셨대. 그런데 선생님은 작은 교회의 종지기로 살면서, 허름한 흙집에 살면서 그 돈을 하나도 안 썼대. 그리고 이 나라의 아이들을 위해 써달라며 기부하고 돌아가셨대. 아이를 낳지 않았는데 아이들을 너무 사랑했대. 그분이 사랑한 사람 중에 너도 있는 거야. 우리 이 시를 읽고 나서 도서관에서 권정생 선생님의 이야기책을 빌려 보자."

어른이 저렇게 동심으로 가득 찰 수 있나요. 권정생 시인은 결핵이라는 병에 걸려 고생을 많이 하셨어요. 일찍이 어머니도 잃고, 아버지도 잃고, 몸이 아파 일도 잘 못했지요. 죽기만 기다리는 절망적인 인생이라고 생각할 수도 있었을 거예요. 그렇지만 결국 이겨내셨죠. 시인은 행복한 마음으로 세상을 사셨어요.

권정생 시인의 동시 중에 이 시가 최고인 이유는 '이상하고 요상하지만 금방 이해가 되는' 의성어(소리를 흉내 낸 말)와 의태어(모양을 흉내 낸 말) 때문입니다. 의성어인 '또로롤롱'과 '쪼로롤롱'은 읽기만 해도 웃음이 납니다. 의태어인 '띵굴렁'과 '허넓적'도 꿀렁대고 넓은 개울물의 모습을 잘 전달합니다.

시인은 사전에는 없지만 '느낌적인 느낌'을 전달하는 단어를 새롭게 만들었어요. 이런 것을 '시적 허용'이라고도 합니다. 시에서만 허락되는 권한을 받아 시인이 만든 새 의성어와 의태어를 소리 내어 읽어보고 아이와 몸으로도 표현해보세요. 언어 감각을 키우기에는 이보다 좋은 게 없습니다.

## '참 좋은 데' 가기

저는 직업이 선생님이라서 주말과 방학에만 엄마 역할을 좀 해줄 수 있었어요. 두 아이가 어렸을 때는 아침에 일어나 "우리 놀러 가자!" 하면서 기저귀 가방을 챙기곤 했죠. 멀리 갈 필요는 없었어요. 어린아이에게는 베르사유 궁전이나 옆 단지 놀이터나 비슷하거든요. '가성비'를 따져보면 어마어마합니다.

이 시를 읽고 나서 "우리 좋은 데 가자!" 하면서 우리 동네, 우리 지역, 우리나라의 '참 좋은 데' 목록을 만들어보세요. 냉장고에 붙여놓고 하나씩 찾아가보는 겁니다. 우리 아들은 문방구, 떡집, 빵집, 아이스크림 집, 수족관, 이런 곳을 쓰더라고요. 음… 나쁘지 않아요. 하루가 금방 지나가거든요. 보람찬 하루를 보낼 수도 있고요.

## 나만의 의성어와 의태어 만들기

사전에는 없고 우리 집에는 있는 새로운 표현을 창조해보세요. 개구리가 정말 개굴개굴 우나요? 칠면조는 어떤 소리로 울까요? 고라니는요? 인터넷에서 동물들의 울음 소리를 찾아 듣고 의성어로 적어보세요. 세상에 없던 사전이 생겨납니다. 이런 식으로 사물의 소리를 잘 들어보고 모양을 잘 관찰해서 나만의 표현을 창조하면 아이의 집중력과 언어 감각이 좋아집니다.

# 아까워

장세정

빨강은 위험해서 지켜 줘야 해
노랑은 봄에 꺼내 써야 하고
파랑은 좋아하는 색이라 안 돼
분홍은 우울할 때 최고이고
초록을 쓰면 잠을 못 자겠고
보라는 너무 신비롭고
깜장은 까만 눈망울이 울먹이는 것 같잖아
흰색은 하도 하얘서 못 쓰겠고
힝, 새 크레파스 품에 안고
마음만 요래조래 쓴다

나카야 미와라는 작가를 아시나요. 저는 그의 그림책 중 '까만 크레파스' 시리즈와 '누에콩' 시리즈를 좋아해서 아이와 닳고 닳게 읽었습니다. '까만 크레파스' 시리즈에도 크레파스가 각자 개성을 지닌 캐릭터로 나옵니다. 시리즈 중 무엇이든 빌려보세요. 〈아까워〉는 그 책을 옆에 딱 놓고 함께 읽기 좋은 시입니다. 좀 과장하자면 이런 독서가 장르를 넘나드는 연계 독서이고 새로운 '콜라보 독서'이며 수능에도 도움이 되는 융합 독서 아니겠습니까.

와우~ 떠오른다, 시!

Ep.14

〈아까워〉는 모두 여덟 가지 색을 시인이 새롭게 해석한 시입니다. 참신하고 독창적이죠. 그런데 모든 색에는 저마다의 이야기가 있고, 의미와 상징이 있답니다. 전통적으로 하얀색은 순수함을 의미해요. 빨간색은 정열을, 초록색은 생명을, 파란색은 우울을 상징하죠. 이런 배경 지식은 나중에 아이들의 문화 지식이 됩니다. 저는 아이들이 색의 전통적인 의미를 알고 있으면서, 자신만의 의미를 창조하고 상상할 수 있었으면 합니다. 바로 이 시처럼 말이죠.

이 시는 '공감'의 시이기도 합니다. 새 물건이 아까워 손을 못 대는 저 마음을 우리 아이도 알고 있죠. '나와 같은 마음인 사람이 또 있구나' 하고 공감하기 좋은 시입니다. 저는 립스틱을 사면 처음 쓸 때 그렇게 주저되더라고요. 반들한 표면을 뭉개려니 마음이 아프죠. 시 속 아이에게는 크레파스가 그런 존재입니다. 자기 물건을 아끼는 마음이 참 예쁘고 각각의 크레파스에 자신만의 의미와 이름을 부여하는 행동이 기특하죠. 8색 크레파스가 아니라 24색 크레파스라도 사주고 싶네요.

## 나의 감정 캐릭터 그리기

'EQ(이큐)의 천재들' 교육 동화 시리즈를 아시나요. 이것도 제가 마르고 닳도록 읽은 시리즈예요. 여기에는 감정과 마음을 주제로 한 다양한 캐릭터들이 나옵니다. 함께 읽으시고 서툴러 씨, 꼼꼼 씨, 걱정 씨 등에게 새로운 색을 입혀보세요.

이보다 중요한 것은 자기 감정을 캐릭터로 그려보는 것입니다. 화가 났을 때 마음속에서 쿵쾅거리는 '화'는 어떻게 생겼을까요. 기쁠 때 마음속에서 피어나는 '기쁨'은 어떻게 생겼을까요. 아이는 자기 감정을 그리고, 거기에 색을 칠하면서 보이지 않는 감정을 구체화할 수 있어요. 자신의 감정을 이해하고 조절하는 기회가 될 겁니다.

## '아까워 목록' 만들기

아이와 아까운 것들의 목록을 작성해보세요. 주변 사물에 대해 생각해보면서 사고의 깊이가 생깁니다. 나아가 아빠는 무엇을 아까워하는지, 엄마가 아까워하는 것은 무엇인지, 친구나 형제자매가 아까워하는 것은 무엇인지 타인의 '아까워 목록'을 만들어보세요. 타인을 이해하는 사려 깊은 아이로 자라날 겁니다.

# 김치 노래

김유진

매일매일 배추김치
아삭아삭 깍두기
우적우적 총각김치
잘근잘근 열무김치
새큼새큼 오이김치
돌돌 말아 파김치
골라 먹는 보쌈김치
밥 싸 먹는 갓김치
한여름엔 부추김치
한겨울엔 동치미
안 매운 백김치
나도 김치 양배추김치

1분
엄마 학교

이 시인은 김치 좀 먹어본 전문가군요. 읽다 보니 하나하나 틀린 말이 없어요. 매일 먹기에는 배추김치가 딱이죠. 깍두기는 작으니까 아삭, 하고 먹고 총각김치는 좀 크니 우적, 하고 먹죠. 한겨울에는 군고구마에 동치미 한 사발 들이켜줘야 하고요.

아이가 이 모든 김치를 다 먹기를 기대하지는 말고요, 우선 그림이나 사진으로 여러 김치를 보여주세요. 굉장히 다양한 재료로 김치를 만들 수 있다는 사실을 알아가면서 같이 '김치 부심'을 느껴봅시다.

와우~ 떠오른다, 시!

Ep.13

이 시는 김치를 먹으라고 권고하는 내용은 아닙니다. 시인은 이렇게 다양한 우리 '먹거리'를 소개하고 싶은 거예요. 상황마다 먹는 김치가 다르다는 것은 그만큼 우리 음식 '문화'가 발달했다는 말이고요. 이러한 배경을 이해하는 것은 곧 우리 문화를 이해하는 것입니다.

이 책을 읽는 엄마들, '풀' 쑬 줄 아시나요? 풀이 접착제냐, 아니면 잔디밭의 그 풀이냐 헷갈리시는 분이 있을까요? 우리 아이는 그렇더라고요. 풀은 김장할 때 쓰는, 찹쌀가루를 풀어 묽게 끓인 물을 말하기도 해요.

김장, 고랭지 배추, 태양초 고춧가루, 풀 쑤기, 소 버무리기. 이런 단어가 등장하면 우리는 그 의미를 얼추 알아듣죠. 그런데 우리 아이들은 잘 몰라요. 접한 적이 별로 없으니까요. 저희 집만 해도 작년부터는 김장을 안 한답니다. 우리 전통문화 중의 하나이자 아주 중요한 월동 준비인데 말이죠. 혹시 저희 집 같은 집이 있다면 김치 종류라도 많이 알려주면 좋겠어요. 음식은 아주 소중한 우리 문화이자 정체성이니까요.

## 나만의 김치 개발하기

어디까지 김치가 될 수 있을까요. 저는 미래의 K-푸드, 김치의 세계화를 위한 전략 회의를 우리끼리 해보았으면 좋겠어요. 어느 나라의 어떤 식물을 가지고 김치를 만들어볼까요. 각 나라의 문화와 특징을 알아보면서 현지화된 김치를 개발해보아요. 혹시 압니까. 이런 상상이 나중에 아이의 멋진 과제 발표로 이어질지.

## '치' 자로 끝나는 말' 찾아보기

김치만 잔뜩 나오는데도 시가 재미있죠. 그 이유 중 하나는 행마다 끝 글자가 비슷하기 때문입니다. '치' '미' '기' 처럼 '이' 계열의 글자가 반복적으로 등장합니다. 장난꾸러기 아이라면 이 시를 랩을 하듯이 둠칫둠칫 낭송할지도 몰라요. 이렇게 시에서 반복되는, 비슷하게 발음되는 말을 '압운', 영어로는 '라임rhyme'이라고 합니다. 말놀이를 하다 보면 자연스럽게 익히게 되죠. '치'로 끝나는 말, '이'나 다른 말로 끝나는 단어를 찾는 놀이를 시작해보세요. 말놀이는 문해력 증진에도 좋답니다.

# 비눗방울

목일신

비눗방울 날아라
바람 타고 동, 동, 동,

구름까지 올라라
둥실둥실 두둥실

비눗방울 날아라
지붕 위에 동, 동, 동,

하늘까지 올라라
둥실둥실 두둥실

아이들은 비눗방울을 왜 이렇게 좋아하는 걸까요. 요즘은 어린이 행사장에 빠지지 않는 게 어린이 몸이 다 들어가는 대형 비눗방울 체험이라니까 말 다했죠. 비눗방울 만들기만 해도 목욕 시간이 훌쩍 지나가고, 혼자 육아하는 오후가 훌쩍 지나갑니다. 비눗방울은 정말이지 감사한 육아 '꿀템'입니다.

아이들은 비눗방울이 동그라니 예쁘고, 무지갯빛으로 곱고, 터질까 말까 조마조마해서 좋아합니다. 이 시는 점점 높이 날아가는 비눗방울의 모습을 잘 표현하고 있어요. '-아라/라라'로 끝나는 밝고 음악적인 단어가 시를 노래처럼 만들어주고요. '동, 동, 동', '둥실둥실' 등 비눗방울의 움직임을 생동감 있게 표현해서 우리 마음도 두둥실 떠오르죠. 비눗방울 놀이를 하기 직전에 읽기도 좋고, 놀이를 하지 못하는 상황에 읽으면 기분 전환이 되는 작품이기도 합니다.

와우~ 떠오른다, 시!

Ep.17

인간은 하늘을 떠다니는 존재를 부러워합니다. 지상에 두 발을 대고 서야 살 수 있다는 사실이 때로는 답답하게 느껴지거든요. 그래서 옛날부터 사람들은 구름이나 새를 보며 날고 싶다는 꿈을 꾸었답니다. 그리스 신화에 등장하는 이카루스도 그런 꿈을 꾸었고, 그 꿈을 실현하기 위해 레오나르도 다빈치는 비행기 설계도를 만들었고, 라이트 형제는 실제 비행기를 제작했죠.

《걸리버 여행기》에 등장하는 하늘섬 라퓨타도, 스튜디오지브리의 애니메이션 〈천공의 섬 라퓨타〉도 그런 꿈의 반영이에요. 이런 천상에 대한 상상력이 비눗방울을 좋아하는 마음과 시 〈비눗방울〉에 담겨 있어요.

사람들에게는 '천상의 상상력'이 옛날부터 쭉 있었다고 아이에게 이야기해주세요. 이 상상력은 어마어마한 에너지를 지녔습니다. 〈해와 달이 된 오누이〉나 〈세오랑 세오녀〉, 〈선녀와 나무꾼〉 같은 전래동화에도 천상의 상상력이 들어 있어요. 그리스 신화에서 날개 달린 신발을 신은 헤르메스나 태양 전차를 타고 다니는 아폴론도 천상의 상상력으로 이해할 수 있지요. 하늘에 대한 상상력은 물리학자, 천문학자에게도 필요하고요, SF 소설에도 등장하고요, 일론 머스크의 우주 개발로도 이어지고 있답니다.

## ✏️ 이런 활동은 어때요?

### 〈비눗방울〉 노래 들어보기

아이가 〈비눗방울〉 동시를 좋아한다면 이보다 더 좋아할 노래를 추천해드리죠. 〈아기공룡 둘리〉라는 애니메이션을 아시나요? 지금 어린아이를 키우는 부모님은 〈둘리〉를 직접 시청한 세대는 아닐 거예요. 그렇지만 아주 유명한 한국 명작 애니메이션이라는 것은 아실 겁니다. 저는 〈아기공룡 둘리〉를 정말 정말 좋아해요. 애니메이션 삽입곡 중 '비눗방울(비누방울)'이라는 노래가 있습니다. 한번 아이와 들어보세요. '뾰옹 뽕뽕' 터지는 비눗방울이 노래가 된다면 딱 그 노래일 겁니다. 입에 착 감길 거예요.

함께 불러봐요~

# 나뭇잎 배

박홍근

낮에 놀다 두고 온 나뭇잎 배는
엄마 곁에 누워도 생각이 나요.
푸른 달과 흰 구름 둥실 떠가는
연못에서 사알살 떠다니겠지.

연못에다 띄워 논 나뭇잎 배는
엄마 곁에 누워도 생각이 나요.
살랑살랑 바람에 소곤거리는
갈잎 새를 혼자서 떠다니겠지.

이 시를 읽으면 그리우면서도 행복한 느낌이 듭니다. 어렸을 때 저는 개울물에 나뭇잎을 배처럼 띄워 놀곤 했습니다. 둥실 떠가는 배에 제 마음도 실려 가는 듯했지요. 이런 아름다운 기억, 아름다운 장면은 돈이 되지 않지만 마음을 행복하게 합니다. 엄마와 아이가 함께 시 속의 어린이가 되어 나뭇잎 배와 노는 상상을 하고, 그 상상 끝에 마음이 편안해지고 즐거워지면 좋겠습니다.

이 시는 잔잔하게 흘러가는 '평화의 배'를 보여줍니다. 그런데 배는 훨씬 활동적인 이미지를 갖는 경우가 많아요. 혹시 선박을 유난히 좋아하는 아이를 키우고 계신가요? 그렇다면 아이는 모험과 도전을 좋아할 가능성이 큽니다. 배는 사람의 몸과 마음을 멀리 데려다줍니다. 어려서 이 시를 읽은 아이는 나중에 이육사의 시 〈청포도〉에 등장하는 '돛단배'도 잘 이해할 수 있을 겁니다.

와우~ 떠오른다, 시!

Ep.11

동요가 된 시, 시가 된 동요들은 아이들에게 두 배의 즐거움이 됩니다. 이건 노래로도 불리는 시인가, 그냥 시인가 헷갈릴 때 구별하는 방법이 있습니다.

먼저 1연과 2연의 행(줄) 수가 같은지 보세요. 〈나뭇잎 배〉는 1연도 네 줄, 2연도 네 줄로 같네요.

그다음 1연과 2연에서 반복되는 구절이 있는지 보세요. '나뭇잎 배는', '엄마 곁에 누워도 생각이 나요', '떠다니겠지' 가 반복되네요.

마지막으로 1연과 2연의 글자 수가 비슷한지 보세요. 글자 수가 같아야 같은 곡조로 1절과 2절을 부르기 쉽거든요. 〈나뭇잎 배〉의 1연과 2연은 어쩐지 맞춘 듯 똑같습니다. 시인은 살살을 '사알살'이라고 늘리고 '갈잎 사이'를 '갈잎 새'로 줄였습니다. 위아래 글자 수를 맞추어 노래 만들기 딱 좋게 생겼네요. 네, 이 시는 노래 맞습니다.

함께 불러봐요~

## 이런 활동은 어때요?

### 시 그림 그리기

〈나뭇잎 배〉는 그림 그리는 활동을 하기 참 좋습니다. 이 시는 노래가 된 시이기도 하지만 풍경을 묘사하는 '그림 같은 시'이기도 하거든요.

시와 그림은 좋은 짝꿍입니다. 옛날 우리 조상들은 '시서화'라고 해서 시와 시 내용을 그린 그림을 한 장의 종이에 함께 배치하곤 했습니다. 우리 아이도 시서화를 완성할 수 있습니다. 이 시를 도화지에 필사하고 그 옆에 그림을 그리면 됩니다. 이불 위에 누운 아이 얼굴을 그릴 수도 있고, 밤의 연못, 나뭇잎 배, 혹은 낮에 신나게 노는 아이를 그릴 수도 있습니다. 옛 조상들의 낙관처럼 이름까지 멋지게 써넣으면 의미 있는 작품이 나오겠죠.

### 자기 전에 노래 부르기

많은 어른이 밤늦게까지 잠들지 않고 스마트폰을 보거나 걱정을 합니다. 우리 아이도 혹시 그런가요? 아이와 누워서 〈나뭇잎 배〉 노래를 불러보세요. 곡조가 느릿해서 심장 박동이 차분해집니다. 그리고 나뭇잎 배가 살살 떠다니는 연못을 생각하면서 잠이 드는 겁니다. 해먹에 누워 있다거나 바다의 해파리가 되었다고 상상하면 잠이 잘 온다고 하죠. 거기에 나뭇잎 배가 되어 떠다니는 상상을 보태봅시다.

# 감자꽃

권태응

자주 꽃 핀 건
자주 감자,
파 보나 마나
자주 감자.

하얀 꽃 핀 건
하얀 감자,
파 보나 마나
하얀 감자.

우선 아이들에게 감자에도 꽃이 핀다는 사실을 알려주세요. 감자는 울퉁불퉁 못생겼지만, 고구마보다 덜 달지만, 감자 꽃은 아주아주 곱다는 것을 알려주세요.

베란다에 감자가 있다면 몇 알 가져다 보여주세요. 집에 있는 감자는 대부분 하얀 감자일 테니, 이 시를 읽으면 아이가 "엄마, 세상에 자주색 감자가 있어?"라고 물어볼 수도 있습니다. 그럼 사진을 검색해서 보여주면서 약속해주세요. "자주 감자가 얼마나 건강에 좋게? 다음에 사서 우리 같이 쪄 먹자."

아이들이 보이는 것이 다가 아니라는 것, 감자에도 아주 예쁜 꽃이 핀다는 것을 알았으면 좋겠습니다.

와우~ 떠오른다, 시!

Ep.3

이 작품에서 핵심이 되는 것은 '색'이라는 강렬한 이미지입니다. 이를 시각적 심상, 시각적 이미지라고 합니다.

그런데 색만 중요한 것이 아니라 감자꽃과 감자의 색이 같다는 점도 중요해요. 자주색 꽃이 피면 자주 감자, 흰색 꽃이 피면 흰색 감자, 이렇게 '척하면 척, 안 봐도 압니다'라는 것이 재미를 안겨주는 요소입니다. 감자꽃과 감자의 관계는 엄마와 아기의 관계와 비슷합니다. 쉽게 정리하자면 '닮았다!'라는 말입니다.

속담을 이해할 수 있는 나이라면 '콩 심은 데 콩 나고 팥 심은 데 팥 난다'라는 말도 같이 알려주세요. 부엌으로 가서 쟁반에 콩을 깔아놓고, 팥을 깔아놓고 놀면 한나절이 금방 갈 겁니다.

## ✏️ 이런 활동은 어때요?

### 빨리 읽기 대결하기

이 시를 읽을 때는 반드시 '대결'을 하시길 바랍니다. '간장 공장 공장장, 된장 공장 공장장' 혹은 '내가 그린 기린 그림'처럼 이 시에도 발음이 꼬이는 부분이 있거든요. '파 보나 마나 자주 감자' '파 보나 마나 하얀 감자' 부분이 그렇습니다. 이 부분을 누가 먼저 틀리지 않고 잘 발음하나, 대결을 제시하고 엄마가 슬쩍 져주세요. 짧은 혀로 이 말을 되뇌면서 아이는 시의 운율을 저절로 배우게 될 겁니다.

이때 팁을 드리자면, 누가 안 틀리고 어려운 구간을 잘 넘어가나 대결할 때 꼭 녹음을 하세요. 어린 시절의 발음, 목소리는 지나가면 돌아오지 않습니다. 아이의 목소리를 녹음해두시면 우리 엄마들 흰머리 날 때, 그리고 아이들이 사춘기가 될 때 정말 소중한 보물이 될 겁니다.

### '척하면 척' 놀이

시를 읽고 닮은꼴을 찾는 놀이도 해볼 수 있어요.

"우리 아기 찐빵 볼은 누구 닮았나? 척하면 척, 안 봐도 압니다. 바로 아빠 닮았네."

"우리 아기 동그란 눈 누구 닮았나? 척하면 척, 안 봐도 압니다. 바로 엄마 닮았네."

닮은꼴을 찾지 않고 '척하면 척' 놀이를 해도 재밌습니다. 눈을 감고 엄마 손, 아빠 손을 만져보게 하면 아이는 누구 손인지 바로 맞힙니다.

"이 손은 보나 마나 엄마 손, 이 손은 보나 마나 아빠 손."

놀랍게도 냄새를 맞히는 것도 가능합니다. 가족은 냄새로 서로를 기억하는 사이거든요. 아이들은 엄마 냄새, 아빠 냄새, 할머니 냄새, 동생 냄새를 눈 감고도 구별할 수 있습니다. 눈을 감고 베개 냄새를 맡아볼까요? "이 냄새는 보나 마나 엄마 냄새."

자주 꽃과 자주 감자를 노래한 시는 이렇게 새로운 놀이로 태어날 수 있습니다. 정다운 시, 다정한 시간을 즐기며 아름다운 추억을 남겨보세요.

# 2

## 나누면서 커지는 마음

♥ 공감과
배려의 시 ♥

# 무얼 먹고 사나

윤동주

바닷가 사람
물고기 잡아먹고 살고

산골에 사람
감자 구워 먹고 살고

별나라 사람
무얼 먹고 사나

윤동주 시인은 우리 모두에게 기쁨을 주는 사람입니다. 우리에게 이렇게 맑은 시를 쓰는 시인이 있다는 것이 첫 번째 기쁨이고, 어린아이부터 청소년, 어른까지 다 같이 좋아할 수 있는 시인이라는 것이 두 번째 기쁨입니다.

아이들은 부모와 시를 읽을 때 '우리 엄마가 이 시인을 좋아하는구나', '이 시를 원래 알고 있었구나' 하는 것을 본능적으로 알아챕니다. 윤동주의 경우는 어떨까요. 다른 시인은 몰라도 윤동주의 이름은 알고 계신 부모들이 많을 거예요. 그렇게 우리는 그의 시를 좋아해요.

시를 좋아하는 어른의 마음이 아이에게 전해지도록 '윤동주'라는 이름을 다정하게 소개해주세요. 더불어 사진도 찾아 보여주세요. 이분, 참 잘생겼거든요.

와우~ 떠오른다, 시!

Ep.1

우리 아이들은 대개 도시에 기반한 공간 감각을 지니고 있어요. 아스팔트 길과 시멘트 집과 빌딩을 알죠. 그러나 그곳이 우리의 출발점은 아니었다는 것, 다양한 곳에서 다양한 삶을 살 수 있다는 것을 깨닫게 해주어야 합니다.

그러니 이 시를 읽을 때는 아이가 어촌, 산촌, 우주 등등 여러 공간을 상상하도록 도와주세요. 초등 3학년 사회 시간부터 농촌, 어촌, 산촌, 농부, 어부, 광부 등의 단어를 접하게 되는데 저학년 아이들은 그 말을 굉장히 어려워합니다. 미리 산이 등장하는 자연 관찰 책이나 항구가 나오는 동화책을 가져다가 여기가 산촌이고 여기가 어촌이야, 짚어주면서 눈으로 어휘와 개념을 익히게 해주세요. 지금은 아파트에 살고 있어도 다른 공간에서의 삶이 충분히 가능하다는 것을 알게 되면 아이의 세계가 확장될 겁니다.

## ✏️ 이런 활동은 어때요?

### 세계 먹거리 찾아보기

먹는 것은 아주 원초적인 행동입니다. 누구든 먹지 않으면 살 수 없으니까요. 먹거리는 매우 중요한 문화이기도 합니다. 이 시를 읽고 아이들과 누가 무엇을 먹고 사는지 찾아보는 활동을 할 수 있어요. 커다란 세계지도를 벽에 붙여놓고 지도에 음식 그림을 그리거나 스티커를 붙여가면서 공간과 먹거리를 연결해보세요. "이 나라 사람들은 무엇을 먹을까? 튀르키예는 케밥, 이탈리아는 파스타, 미국은 햄버거, 일본은 초밥. 그럼 아프리카 사람들은?"

아이가 좋아하는 음식을 찾아보거나 가족이 좋아하는 음식을 서로 알아가는 것도 좋습니다. 저는 이렇게 물어보고 싶어요. "우리 유찬이는 무엇을 먹고 살지?" "유찬이 엄마는 무엇을 먹고 살지?" 우리 아들이 엄마 생일은 몰라도 엄마가 무슨 음식을 좋아하는지는 알았으면 하는 욕심은 덤입니다.

# 장갑 한 짝

나태주

눈 내린 아침
눈길 위에 장갑 한 짝

나도 장갑 한 짝 잃고
많이 속상했는데
누군가 많이 속상했겠다

나도 장갑 한 짝 잃고
많이 손 시렸는데
누군가 많이 손 시렸겠다

길가에 잃어진 장갑 한 짝
마음도 한 조각.

# 1분
# 엄마 학교

나태주 시인은 가난한 어린 시절을 보냈기 때문에 물건을 아껴 썼어요. 학교 선생님으로 지낼 때는 아이들이 버린 몽당연필을 모았기 때문에 별명이 '몽당연필 선생님'이었습니다. 실제로 키도 굉장히 작아서 더 잘 어울리는 별명이었죠. 집에서 나태주 시인과 저는 학생들이 버린 몽당연필 뒤에 볼펜 깍지를 끼워서 썼습니다.

이렇게 연필 하나도 아까운데 장갑 한 짝을 잃어버렸다면 너무너무 속상했겠죠. 장갑은 한 짝만 쓸 수는 없고 꼭 짝을 맞춰야 하니까요. 그렇지만 늘 좋은 일만 있을 수는 없어요. 속상한 감정을 마주해야 할 때도 있습니다. 그것까지 품어야 조금씩 성장할 수 있죠.

와우~ 떠오른다, 시!

Ep.16

이 시의 핵심은 '공감'입니다. 내가 이럴 때 속상했으니까, 너도 이럴 때 속상하겠구나, 이렇게 남의 입장에서 상상하는 것이 바로 공감입니다. 요즘 아이들의 인성 교육이 중요하다고 하는데, 인성은 머리로 익히는 것이 아닙니다. 보고 느끼면서 익히는 겁니다. 제가 속상해서 울었을 때 아이가 저를 달래면서 함께 슬퍼하더군요. 이유도 모르고서요. 이 감정의 전이, 다른 사람이 슬퍼할 때 함께 슬퍼할 줄 아는 것이 바로 '공감'의 능력입니다.

우리는 모두 공감 능력을 타고났어요. 사람이니까요. 그것을 개발해주는 것은 부모 몫이겠죠. 집에 수도꼭지처럼 잘 우는 아이가 있나요? 쉽게 우는 어른이 있나요? 부끄러워하거나 걱정하지 마세요. 잘 우는 사람은 마음이 약한 게 아니라 공감 수치가 높을 뿐이니까요.

## ✏️ 이런 활동은 어때요?

### 짝꿍 찾기

이 시를 보고 짝꿍 찾기 놀이를 할 수 있어요. 주위에서 함께 있어야 의미가 생기는 것을 찾아보세요. 양말도 짝이 필요하고, 젓가락도 짝이 필요하죠. 밥솥과 주걱은 좋은 짝꿍이고 실과 바늘, 치약과 칫솔도 서로에게 꼭 필요한 짝꿍입니다. 그리고 우리 아이랑 엄마도 둘이 함께 있어야 행복한 짝꿍이죠.

### 장갑이 필요한 순간 찾아보기

이 시를 보고 장갑에 관심을 가져보는 것도 좋아요. 세상에는 생각보다 많은 장갑이 있고, 그 용도도 모두 다르답니다. 눈 놀이를 할 때 쓰는 장갑, 스키를 탈 때 끼는 장갑, 대장간에서 쓰는 장갑, 화학 약품을 다루는 과학자의 장갑, 수술하는 의사 선생님이 쓰는 장갑, 엄마가 부엌에서 쓰는 고무장갑 등등 장갑의 용도와 종류는 아주 다양해요. 이름은 하나여도 종류는 많을 수 있다는 다양성의 개념을 장갑을 통해 배울 수 있어요.

# 나눔

장서후

개미들이 줄지어 갑니다
새우깡 하나 귀하게
모시고 갑니다
아기가 쪼그리고 앉아
가만히 바라보다가
다시 새우깡 하나
슬그머니 놓아 줍니다
개미들이 금세 모여듭니다
아기가 환하게 웃습니다

# 1분
# 엄마 학교

저도 어려서는 개미와 잘 놀았는데 엄마가 되고 나서는 개미와 사이가 나빠졌습니다. 아이를 깨물까 봐 싫고 집을 망칠까 봐 싫습니다. 그러나 이 시를 읽을 때만큼은 그런 마음을 가졌던 걸 반성합니다.

사실 이 시에서 '개미'는 꼭 진짜 개미만을 의미하지 않습니다. 개미처럼 사소하고 흔하게 여겨 지나쳐버리는 모든 대상을 뜻합니다. 그래서 이 시를 읽을 때만이라도 그런 마음을 반성합니다. 하늘 아래 하찮은 생명이 없고 하늘 아래 의미 없는 생명 또한 없음을 되새깁니다.

## 🔍 이런 이야기를 해보세요

이 시의 핵심은 '나눔'입니다. 정확히는 '나눔의 기쁨'이죠. 아기가 개미를 위해 새우깡을 하나 더 놓아주었대요. 좋아하는 개미들을 보고 아기도 기뻤다는 게 중요합니다. 우리는 봉사할 때 순전히 남을 위해서 하지는 않습니다. 남을 위해 뭔가 하고 나면 기쁘기 때문에 봉사를 하는 겁니다. 우리가 배우지 않고도 나눔의 기쁨을 느낄 수 있다는 사실을 이 시가 보여줍니다. 사람은 원래 착하다. 이런 '성선설'의 관점을 아이에게 알려주시면 좋겠습니다.

봉사가 희생이나 낭비가 아니라 기쁨으로 받아들여지는 사회는 얼마나 좋을까요. 달리기로 기부금을 모은 가수 션의 이야기를 아이에게 알려주세요. 한국의 한센병 환자들을 섬기며 사시는 유의배 신부님의 〈유 퀴즈 온 더 블럭〉 영상도 보여주세요. 슈바이처와 마더 테레사의 위대한 이야기도 좋겠지요. 이 시를 계기로 그들의 삶에 대해 듣고 나중에 책과 기사로도 찾아 읽는다면 우리 아이는 사회의 또 다른 가치를 배울 수 있을 겁니다. 저는 제 아이가 높은 지위와 많은 돈을 가지지 못해서 좌절하는 인간으로 자라지 않길 바랍니다. 남을 위해 봉사하면서 마음이 기쁨으로 꽉 차는 사람이 되길 바랍니다.

## ✏️ 이런 활동은 어때요?

### '마음 나눔'의 연계 독서

〈나눔〉을 읽고 나서 한 편의 시를 더 읽으면 좋겠습니다. 박노해 시인의 〈그 겨울의 시〉라는 작품입니다. 새우깡을 나누는 것보다 더 중요한 것은 마음을 나누는 것입니다. 이 '마음의 나눔'을 아주 잘 보여주는 시가 〈그 겨울의 시〉입니다. 박노해 시인은 추운 겨울에 할머니가 거지, 노루, 토끼를 걱정하는 말을 들으며 자랐다고 합니다. 그래서 내가 배가 고프면 남도 배고프겠구나, 생각하는 따뜻한 마음씨를 가지게 되었대요. 다른 사람의 처지를 동정하는 것이 아니라 염려하는 착한 마음씨를 박노해 시인의 작품에서 발견해보세요. 이게 바로 '고급스러운' 연계 독서랍니다.

### '깊은 나눔'의 연계 독서

〈나눔〉을 읽고 나서 쉘 실버스타인의 《아낌없이 주는 나무》도 읽으면 좋겠습니다. 아주 짧고, 그림이 매력적인 이 동화책에는 소년에게 자신이 가진 것을 다 주고 "행복했습니다"라고 말하는 나무가 등장합니다. 아이에게 그 나무의 행동에 대한 의견을 물어보세요. 저는 무조건 주는 것은 좋지 않다고 생각합니다. 그럼에도 참 아름다운 동화입니다. 마치 엄마가 아이에게 모든 것을 다 주고 "행복했습니다"라고 말하는 것 같습니다.

# 나무는

이창건

봄비 맞고
새순 트고

가을비 맞고
생각에 잠긴다.

여름비 맞고
몸집 크고

나무는
나처럼.

54

요시타케 신스케의 동화책 《이게 정말 나일까?》를 보면 이런 내용이 나와요. 우리는 한 사람 한 사람 생김새가 다른 나무이고 자기 나무의 종류는 타고나는 거라서 고를 수 없대요. 그렇지만 어떻게 키울 것인지는 스스로 결정할 수 있대요. 그리고 무엇보다 중요한 것은 자기 안에 있는 그 나무를 사랑해주고 좋아해주는 것이라고 합니다.

아이에게 이 말을 엄마의 방식으로 전해주세요. 너는 성장하고 있는 나무라고, 자신의 나무를 충분히 사랑해주고 잘 키워주길 바란다고요. 나무를 키우는 것은 얼마나 어렵고 대단합니까.

와우~ 떠오른다, 시!

Ep.9

이 시는 '성장'을 이야기하고 있습니다. 아주 작은 나무가 큰 나무로 커가는 성장 과정을 순차적으로 보여주세요. 나무는 상수리나무, 소나무, 감나무, 은행나무, 사과나무, 포도나무 등 다양한 종류가 있지만 똑같이 작은 시절을 거쳐 큰 시절로 나아간다는 것을 알려주세요.

더 중요한 것은 나무의 성장이 아니라 우리 아이의 성장입니다. 우리 아이는 지금 작습니다. 작아서 싱크대에 손이 닿지 않고, 양치를 할 때 받침대를 놓아야 하지만 키도, 손도, 발도 쑥쑥 자랄 겁니다. '나는 나무처럼 쑥쑥 하늘을 향해 바르고 곧게 자라야지.' 이 시를 읽고 이런 생각이 아이 마음에 심긴다면 좋겠습니다.

성장에는 '아픔'이 따른다는 것도 아이에게 알려주세요. 우리 마음은 어려운 일, 힘든 일, 속상한 일, 행복한 일, 이런 '비'를 맞고 조금씩 성장합니다. 아이가 앓으면서 키가 크고, 아프면서 면역력을 키워나가는 것처럼요. 아이에게 좌절의 경험, 힘든 경험이 나쁜 것이 아니라 그저 과정일 뿐이라는 것을 알려주시기 바랍니다. 우리 아가님, 부디 나무처럼 단단히 자라주세요.

## ✏️ 이런 활동은 어때요?

### 장점 찾아보기

시를 읽으며 우리는 나무의 좋은 점을 배웠습니다. 다른 것들, 사람이 아닌 동물이나 식물에게서 또 다른 좋은 점, 배울 점을 찾아서 하나씩 말해보세요. 세상 모든 것 중 장점 없는 것은 없다는 사실을 알게 될 겁니다. 아이가 시큰둥하다면 권정생 선생님의 《강아지똥》을 읽어주세요. 세상에 쓸모없는 것은 없다는 진실이 거기에 담겨 있으니까요.

### 우리 주변의 나무 찾기

우리 집에 나무로 된 것이 무엇이 있을까요? 나무가 변신한 물건들을 찾아보아요. 나무를 잘게 찢어서 만든 펄프는 종이가 되고 휴지가 됩니다. 우리가 보고 있는 이 책도 나무였네요. 나무를 합쳐 만든 합판으로 장롱이나 책상도 만들어요. 국자의 손잡이, 프라이팬의 손잡이, 부엌 도마, 원목 장난감에 나무가 숨어 있을 수도 있어요. 온 집안을 돌아다니며 나무였던 것들을 찾아보면 재미있을 거예요.

# 북두칠성

김유진

국자가 저토록 크니
하늘나라에선 모두 배부르겠네

멀리서 저 별을 보는 아이도
한 그릇 가득 먹을 수 있겠네

세상 모든 밥그릇이
하늘 국자로 한 국자씩만

그득하게 그득하게 담기면 좋겠네

북두칠성은 우리나라의 민간신앙, 그러니까 도교에서는 '칠성님'이라는 신으로 불립니다. 여기 얽힌 전설이 있어요. 늙으신 홀어머니가 추운 겨울에 개울물을 건너 연인을 만나러 가는 것을 보고 일곱 아들이 다리를 놓아드렸답니다. 효성이 지극하다 해서 일곱 아들은 하늘의 별로 남았대요. 삼신할머니는 아기를 점지해주고요, 칠성님은 태어난 아기가 오래 살고 배불리 살게 해준다고 합니다.

우리나라는 특이하게도 부처님을 섬기는 절에도 칠성각이 있어요. 아이를 위해 기도하는 엄마들의 마음이 부처님 옆에 칠성님을 모시게 한 것이죠.

북두칠성은 동양 문화에서 아주 중요한 별자리입니다. 특정 시기에만 보이는 별자리도 있지만 북두칠성은 우리나라 하늘에 항시 보인다고 해요. 큰곰자리의 꼬리 쪽에 있는 일곱 개의 별을 북두칠성이라고 하는데, 국자 모양이어서 찾기 쉽습니다.

북두칠성이 국자처럼 생겼다는 것은 예전부터 알려진 사실입니다. 그런데 그 국자 모양을 보고 이 시인처럼 생각하는 사람은 없었죠.

시인은 세상 모든 사람의 밥그릇을 염려합니다. 어딘가에 배고픈 사람이 있지 않을까 걱정하는 것을 우리는 '사랑'이라고 부릅니다. 그리고 다른 사람들이 모두 안녕하기를 바라는 사랑은 특별히 '인류애'라고 부릅니다. 국자를 닮은 별이 저 하늘에 떠 있는 것은 별빛 아래 모든 사람이 배부르기를 바라는 누군가의 마음이 전해져서일지도 모릅니다. 인성 교육이 따로 있나요. 이 시를 읽는 것이 바로 아름다운 인성을 만드는 일입니다.

## ✏️ 이런 활동은 어때요?

### 별자리 찾아보기

별자리 책을 찾아보세요. 인터넷에도 별자리 정보가 잔뜩 있답니다. 특히 이 시를 읽고 각 계절을 대표하는 별자리 세 개를 찾아보세요. 그 별이 어디쯤에 있을까, 밤을 기다려보세요. 엄마가 별자리를 도화지에 그려주고, 아이가 그 별자리를 연결해서 그림을 찾아보는 것도 재미있는 놀이가 될 겁니다. 엄마는 별자리만 찍어주고 옆에서 잠깐 쉬세요. 우리 아이는 별들이 함께 놀아줄 거예요.

### 그릇 만들기

아이들은 손으로 조몰락조몰락 만들기를 좋아합니다. 이 시에 등장하는 국자와 밥그릇을 함께 만들어보자 제안해보세요. 찰흙이나 클레이로 직접 만들고 나서 다 마르면 무늬를 그려 넣을 수도 있어요. 만들기 활동에 색칠하기 활동까지 가능합니다. 만들면서 문해력도 키워주세요. 국을 담는 큰 그릇은 '대접', 그보다 작아서 밥을 담는 것은 '사발', 반찬을 담는 것은 '접시', 간장이나 소스를 담는 작은 그릇은 '종지'라고 알려주세요. 이 단어들은 전통적으로 조상들이 써 오던 용어입니다. 밥그릇에서 시작해서 여기까지 알게 되면 아이들의 단어가 넓어지고 깊어집니다.

# 3

## 우리 가족이 제일 좋아

사랑과
우정의 시

# 그냥

문삼석

엄만
내가 왜 좋아?

― 그냥…….

넌 왜
엄마가 좋아?

― 그냥…….

    이 시는 직관적으로 읽는 시입니다. 아이도 좋아하고 엄마도 좋아할 법한 시입니다. 왜일까요? '그냥' 좋습니다. 설명하지 않아도 그 마음이 이해가 되잖아요. 진짜 좋아한다는 것은 좋아하는 이유가 없는 겁니다. 내가 너를 왜 사랑하는지 구구절절하게 이유를 댄다면 참사랑이 아닙니다. 어쩔 수 없이, 이유도 없이, 그냥 막 좋은 것이 자식과 엄마 사이입니다.

같은 말이어도 누가 어떻게 말하느냐에 따라서 다른 의미를 가집니다. '그냥'이라는 말은 대개 두 가지 뜻으로 쓰입니다. 하나는 '아무런 의미 없이, 생각 없이'라는 뜻입니다. 그리고 다른 하나는 '조건이나 대가 없이'라는 뜻이지요. 비슷해 보이지만 미묘하게 다릅니다. 그렇다면 이 시에서의 '그냥'은 두 가지 뜻 중에서 어떤 뜻으로 쓰였을까요? 엄마가 생각해보고 아이에게도 물어보세요. 네, '아무런 조건이나 대가 없이 무조건'이라는 뜻의 '그냥'입니다. 이렇게 '그냥' 한 마디를 말하더라도 퉁명스럽게 말할 수도 있고, 사랑을 가득 담아 말할 수 있다는 사실을 아는 것이 언어의 결을 익히는 방법입니다.

이 시의 앞부분은 아이의 것이고 뒷부분은 엄마의 것입니다. 파트를 나누어 서로에게 읽어주세요. 그럴 때 동영상을 찍든 녹음을 하든 꼭 기록을 남겨두세요. 나중에 아이가 사춘기가 되면, 이 행복한 시 녹음본을 들으면서 버티세요. 그때 '그냥' 사랑하던 우리를 기억하면서 참으세요.

지금은 사랑스러운 이 아이에게 사춘기가 올까 싶죠? 그렇지만 옵니다. 그때 엄마가 좀 아플지도 몰라요. 그러니까 한 살이라도 어릴 때 녹음해두세요. 사춘기가 되어도 엄마를 이렇게 좋아해줘, 이런 약속도 녹음해두세요. 훗날 진통제가 될 겁니다.

## '그냥' 놀이

'그냥' 놀이는 상대가 무엇을 물어보든 무조건 '그냥'을 외치는 놀이입니다.

"너는 아빠가 왜 못생겼다고 생각해?" "그냥."

"너는 오늘 왜 햄버거가 안 먹고 싶어?" "그냥."

"너는 오늘 왜 브로콜리가 먹고 싶어?" "그냥."

"너는 오늘 왜 문제집을 많이 풀고 싶어?" "그냥."

서로 곤란하게 하는 질문도 좋겠죠. 나중에 싸움으로 끝나더라도 하는 중에는 재미있습니다.

# 엄마 발소리

나태주

저벅저벅
아빠 발소리
또닥또닥          나는 눈 감고도 알아요
누나 발소리      창문 너머로도 들어요
자분자분          그렇지만 자분자분
엄마 발소리      엄마 발소리
                      제일 좋아요

아이는 가족에게 사랑받고 가족을 사랑해야 합니다. 반드시 그래야 해요. 가족은 우리 아이가 경험하는 최초의 사회이고, 우리 아이가 기댈 마지막 사회입니다. 이 처음이자 끝이 든든히 버텨줘야 아이가 독립적인 어른으로 잘 자랄 수 있어요. 가족의 발걸음을 눈 감고도 알아듣는 시 속의 아이는 가족 안에 단단히 뿌리를 박은, 작고 훌륭한 나무입니다.

한번 물어보세요. 제 아들은 자기는 발걸음 소리만으로도 누구인지 알 수 있대요. 엄마는 하마처럼 쿵쿵 발소리를 울리면서 걷고, 아빠는 슬리퍼를 직직 끌면서 걷고, 누나는 소리 없이 나타나 자기를 괴롭힌다네요. 아이와 시를 읽으면서 가족의 발걸음 소리를 묘사해보세요. 가족 간 친밀감이 절로 느껴집니다.

이 시를 쓸 때 나태주 시인은 이미 할아버지였어요. 그리고 나태주 시인에게는 누나가 없답니다. 밑으로 동생만 다섯 명이 있어요! 그렇다면 이 시에 나오는 '누나'는 대체 누구일까요?

자, 여기서 '화자'라는 전문 개념이 등장합니다. 시인은 시를 쓴 사람이지만, 시인과 시 속 말하는 사람이 항상 같은 인물인 것은 아닙니다. 실제로는 할아버지인데 마치 자신이 어린 소년인 것처럼 상상하면서 시를 쓸 수도 있죠. 이런 시 속 주인공을 '화자'라고 합니다. 여기서는 할아버지 시인이 아니라 엄마를 기다리는 어린이가 주인공이고 말하는 사람입니다.

우리 아이가 동시를 읽으면서 "이 동시는 다 어린이가 썼어?" 하고 궁금해할 수 있어요. 사실 우리가 읽는 동시 중 대부분은 어른이 쓴 겁니다. 그러나 누가 썼든 상관없어요. 쓴 사람이 어린아이의 눈으로, 어린이의 마음이 되어 쓴 모든 시를 동시라고 해요. 물론 우리 어린이가 쓴 것도 어린이의 마음을 담았으니 동시라고 할 수 있겠지요.

## ✏️ 이런 활동은 어때요?

### 소리 맞혀보기

이 시를 읽고 나서 청각 놀이를 할 수 있습니다. 제 아들의 똑똑한 친구는 지나가는 자동차 엔진 소리를 듣고 차 종류를 대충 알아맞혀요! 깜짝 놀랐습니다. 평범한 제 아들은 "유찬아." "최. 유. 찬." "최유찬아~" 등등 엄마가 자신을 부르는 소리를 듣고 곧 다가올 운명을 예상할 수 있어요. 엄마가 평상시와 같은 기분인지, 화가 났는지, 자신이 곧 많이 혼날 것인지, 도망가야 할 것인지 등을 알더라고요.

종이 부스럭거리는 소리, 물 마시는 소리, 컵 두드리는 소리 등등. 눈을 감고 서로 소리를 들려주면서 무슨 소리인지 알아맞혀보면 아주 재미있답니다.

# 귀뚜라미와 나와

윤동주

귀뚜라미와 나와
잔디밭에서 이야기했다.

귀뚤귀뚤
귀뚤귀뚤

아무에게도 알려 주지 말고
우리 둘만 알자고 약속했다.

귀뚤귀뚤
귀뚤귀뚤

귀뚜라미와 나와
달 밝은 밤에 이야기했다.

아이에게 가족 다음으로 중요한 것은 친구입니다. 친구가 안 놀아 준다고 울면 엄마 마음도 미어져요. 아이들끼리 놀 때면 우리 아이가 실수할까 조마조마하기도 하고요. 그 아프고 조마조마한 마음을 아이에게 들키지 마세요. 그리고 대신 이 시를 읽어줍시다.

친구란 뭘까요. 비밀을 나누는 사람입니다. 친구란 뭘까요. 나의 마음을 알아주는 사람입니다. 친구란 뭘까요. 내 말을 들어주고, 내 말을 이해하는 사람입니다.

게다가 사람만 친구인 것은 아닙니다. 세상에는 아주 다양한 친구가 있다는 것을 아이에게 알려주세요. 아이가 자연의 친구를 발견하고, 사람 아닌 것의 말소리에도 귀 기울이게 해주세요.

와우~ 떠오른다, 시!

Ep.5

친구가 생긴다는 것은 아이의 사회성이 길러진다는 말이죠. 아이가 사회에 들어갈 때 엄마는 같이 긴장하게 됩니다. 저는 첫아이가 친구를 사귈 때 제 일인 듯 힘이 들었습니다. 그렇지만 제 일이 아니더군요. 엄마가 사회성 '만렙'이 아니어도 아이는 결국 제 친구를 알아보고 찾더라고요. 이 시에서도 아이는 귀뚜라미라는 자기만의 친구를 발견하거든요. 이 시가 행복한 분위기인 이유는 내가 찾은 내 친구가 등장하기 때문입니다.

그러니 아이의 사회성과 친구 관계에 엄마는 조금 더 느긋하셔도 됩니다. 지금 친구가 없어도 언젠가 생길 것이고, 지금 친구 때문에 울어도 결국 친구 덕분에 웃게 되리라는 것을 함께 믿어주세요.

아이는 친구와 싸우고, 친구에게 상처받는 경험을 반드시 하게 될 겁니다. 이 부정적인 감정을 엄마가 너무 빨리 지우지 말고, 아이가 스스로 다른 친구를 발견하면서 긍정적 감정으로 돌아설 수 있도록 도와주세요. 우리는 아이의 부정적 감정이 두려운 것이 아니라 아이가 그것을 스스로 극복하지 못할까 두렵잖아요. 아이는 여러 종류의 친구를 살피면서 마음이 단단한 아이가 될 수 있습니다.

## ✏️ 이런 활동은 어때요?

### 친구에게 편지 쓰기

우리 아이는 친구 중에 누구를 제일 좋아할까요. 그 친구를 좋아하는 이유는 무엇일까요. 그 친구와 공유하는 비밀은 무엇일까요. 이런 것을 물어보고 그 친구에게 편지를 써보게 하면 사랑스러운 기억이 쌓입니다.

### 애착 인형 소개하기

우리 아이에게 혹시 '애착 인형'이나 담요가 있나요? 저희 딸은 고등학생인데 어린 시절 애착 인형을 여전히 안고 잡니다. 헝겊이 다 낡아서 제 눈에는 누더기 같지만, 딸은 그 인형을 아직도 사랑합니다. 아이에게 애착 인형을 소개하는 그림을 그려보라고 해보세요. 나중에 아이가 자라면 그 그림 속 인형을 보면서 추억에 잠길 겁니다. 또 다른 보물이 되는 거죠. 우리 그런 보물을 잘 지켜주는 멋진 할머니로 늙어갑시다.

# 엄마가 아플 때

정두리

조용하다
빈집 같다

내가 할 일이 뭐가 또 있나

강아지 밥도 챙겨 먹이고
바람이 떨군
빨래도 개켜 놓아두고

엄마가 아플 때
나는 철드는 아이가 된다

철든 만큼 기운 없는
아이가 된다

이런 일이 일어나지 않았으면 하는 것이 우리 엄마들의 마음이죠. 엄마가 아플 때 아이가 어떨지 빤히 보이잖아요. 저희 어머니는 자주 아프셨는데 수술과 입원을 위해 병원 짐을 쌀 때 항상 '계란 후라이'를 해 먹이셨어요. 한 개, 두 개, 세 개. 더 먹지 못할 때까지 계란 후라이를 먹이셨죠. 당신이 없으면 배곯을까 봐 걱정하신 거예요. 엄마가 되고 보니 그 마음을 알고도 남습니다. 그래서 저는 강연할 때마다 강조하곤 해요. 우리 엄마들이 건강하게 오래 사는 것이 아이를 위한 최선이라고. 우리는 내 자식의 보호자잖아요. 건강해요, 우리. 아프지 말아요, 엄마.

김사인 시인의 〈꽃〉이라는 시가 있습니다. 그 시는 아파서 누워 있는 엄마의 시선에서 쓴 시입니다. 지금 살펴보는 정두리 시인의 시와 반대되죠. 〈엄마가 아플 때〉를 읽고 나서 뭔가 더 읽고 싶을 때 함께 읽어보시길 추천합니다.

저는 아이에게 엄마도 사람이고, 아플 수도 있다는 것을 이야기하는 편입니다. 아이가 항상 좋은 것, 행복한 장면, 즐거운 감정만 누리게 해줄 수는 없어요. 감정적으로 보호받기만 하면 아이는 연약해질 테니까요.

엄마가 아프면 아이가 긴장하고 스트레스를 받을 수 있습니다. 그렇지만 그것도 경험의 일종입니다. 그런 상황을 대비하고 돌아보는 차원에서 이 시는 의미가 있어요. 우리 아이는 시에 등장하는 아이의 마음과 상황을 상상하고 공감하며 단단해질 겁니다.

## 엄마가 아플 때 해야 할 일 적기

엄마가 아플 때 아이가 할 수 있는 일을 써보게 하는 것도 좋아요. 아이는 그러면서 조금씩 엄마가 아플 수 있다는 사실을 인지하고 이에 대해 직면할 힘을 기를 수 있습니다. 엄마가 아플 때 약이 어디 있는지 알려주는 것도 도움이 될 거예요. 상비약이란 누구에게든 필요한 것이니까요. 그러면서 아이가 아플 때 엄마가 무엇을 준비하는지도 알려주세요. 병과 병원, 약을 외면하고 살 수는 없어요. 조금 큰 아이에게는 조지훈 시인의 〈병에게〉라는 시를 읽어주세요. 특이하게도 병을 친구처럼 대하는 작품인데, 병에 관해서는 가장 유명한 시입니다. 문제집에도 단골로 등장한다는 것은 '공공연한 비밀'입니다.

# 해바라기

이준관

벌을 위해서
꿀로 꽉 채웠다

외로운 아이를 위해서
보고 싶은 친구 얼굴로
꽉 채웠다

가을을 위해서
씨앗으로 꽉 채웠다

해바라기
참
크으다

어른들은 해바라기 그림을 집에 걸어두면 돈을 많이 벌 수 있다고 생각하고, 캐릭터 시장에서는 해바라기에 '스마일' 이미지를 추가했습니다. 해바라기 얼굴을 한 캐릭터 상품을 종종 보셨을 거예요. 그만큼 해바라기는 어른과 아이 모두에게 인기 있는 꽃입니다. 사람 얼굴만큼 크고, 사람 키만큼 길고, 태양을 닮았고, 어마어마한 양의 씨앗을 선사하는 꽃은 흔하지 않으니까요. 게다가 씨앗을 먹을 수도 있어요. 해바라기 씨를 초콜릿으로 코팅한 과자도 있습니다.

이렇게 특징이 분명한 해바라기에 대해 엄마가 미리 알아보고 시와 함께 설명해주면 아이에게 도움이 될 겁니다.

커다란 해바라기에 친구 얼굴이 꽉 차 있다니, 이 시에 등장하는 아이는 친구가 무척 그리웠나 봅니다. 시와 함께 보면 좋은 영상이 있어요. 박달초등학교에서 합창단 아이들이 전학 가는 친구에게 노래를 불러주는 영상을 아십니까. 인터넷에서 '전학 가는 친구에게', '노을'을 붙여 검색하면 바로 나와요. 동요 〈노을〉의 가사를 개사해서 친구에게 불러주었는데, 합창단을 지도하신 음악 선생님이 이 장면을 SNS에 올려 화제가 되었습니다.

아이들이 노래하는 장면, 그 이야기를 소개한 뉴스, 합창단 친구들이 나온 〈유 퀴즈 온 더 블럭〉 영상 중 하나를 보는 것도 괜찮은 선택이 될 거예요. 친구를 좋아하는 그 마음, 친구를 그리워하는 그 마음을 아이가 느낀다면 이 시를 같이 읽어주세요. 이 시에도 그런 마음이 등장하니까요.

## ✏️ 이런 활동은 어때요?

### 해바라기 그림 찾아보기

해바라기로 유명한 화가가 있습니다. 〈해바라기〉라는 그림을 그린 빈센트 반 고흐죠. 그는 유난히 노란색을 좋아했어요. "노란색은 내 영혼의 빛깔"이라면서 노란색이 없다면 그림을 그릴 수 없다고 말하기도 했죠. 해바라기만 그린 것이 아니라 노란색 밀밭, 노란색 방, 노란색 카페, 노란색 별도 매우 잘 그렸어요. 고흐의 노란색은 따뜻하고 그것이 표현되는 방식은 천재적입니다. 그의 노란색에는 이야기가 흐르고 감정이 담겨 있어요. 해바라기를 다룬 이 시에서 시작해 해바라기를 그린 고흐의 그림으로 옮겨가세요. 그리고 노란색이 등장하는 고흐의 다른 그림들을 탐색해보세요. '노란색의 화가'에 대해 알게 되는 것은 문화적으로도 큰 소득입니다.

# 배꼽

백우선

엄마는 아기를 낳자마자
몸 한가운데에다
표시를 해 놓았다.

─ 너는 내 중심

평생 안 지워지는 도장을
콕 찍어 놓았다.

배꼽은 뭔가 부끄러운 부분이에요. 저는 '탯줄'이라고 하면 좀 진지하고 생물학적이며 의학적인 느낌이 들어요. 그런데 탯줄이 끊어져 생긴 '배꼽'은 좀 웃긴 단어로 느껴집니다. 방귀라는 단어만큼은 아니지만 왠지 배꼽, 이러면 깔깔대고 웃고 싶어져요. '배꼽 빠지게 웃다'라는 말도 있잖아요.

이런 생각에 대해 이 시는 아주 새로운 견해로 반박합니다. 시인은 배꼽을 도장으로 '재정의'합니다. 아이 몸의 중심에 있는 배꼽은 너야말로 엄마의 중심이라는 분명한 표시라고요. 감동적인 이 견해에 동의하는 바입니다. 아이의 배꼽을 살살 쓸어주며 이 시를 읽어주고 싶어요. 세상 다시 없는 사랑의 도장을 알게 되어 기쁩니다.

우선, 아이의 배꼽이 왜 생겼는지 과학책을 뒤적거려 설명해주세요. 탯줄이 떨어져 나간 자리가 배꼽이 된다고, 배꼽은 엄마와 아이가 연결되어 있었다는 증거라고 알려주세요. 아이가 많이 어리다면 나나오준 작가의 《내 배꼽 볼래?》라는 책도 좋아요. 굉장히 다양한 모양의 배꼽이 등장해서 놀랄 수도 있습니다. 아이가 관용적 표현을 조금이나마 이해할 나이라면 '배꼽시계가 울린다'라는 말도 설명해주세요. 설명이 어렵다면 이소을 작가의 《배꼽시계가 꼬르륵!》이라는 책을 빌려봐도 좋습니다. 배꼽에 대해 더 읽고 싶어 한다면 장옥관 시인의 〈내 배꼽을 만져 보았다〉라는 시를 같이 읽으세요. 배꼽에 대해 생물학적으로, 관용어적으로, 문학적으로 살펴보았네요. 그리고 배꼽의 상징에 대한 이야기를 마지막에 얹어주세요.

문화인류학에서 배꼽은 굉장히 중요한 상징입니다. 동양의학에서 배꼽은 인체의 정중앙에 있는 핵심이자 근원이죠. 세계의 민족과 문명은 이 세계의 중심을 '우주 최고의 산' '우주 최고의 나무' 혹은 '우주의 배꼽'으로 설정하곤 했습니다. 예를 들어 시베리아의 바이칼 호수는 근방 민족에게 우주의 배꼽으로 여겨졌어요. 제주도에 살았던 조상들도 한라산의 백록담을 그렇게 생각했을 거예요.

이렇게 배꼽의 여러 의미를 알면 시의 뜻이 더 깊이 와닿아요.

### 새롭게 정의하기

함민복 시인의 〈성선설〉이라는 시를 이 시 다음에 읽어주세요. 함민복 시인은 우리의 열 손가락을 아이가 엄마 뱃속에서 몇 달 동안 은혜를 입었는지 기억하기 위한 것으로 '재정의'합니다. 저는 아이에게 재정의의 묘미를 알려주고 싶어요.

사전은 기준이 되는 중요한 책이지만 모든 의미는 변하기 마련입니다. 아이가 아이만의 '자기 사전'을 만들었으면 합니다. 이 시가 그 출발점이 되어줄 수 있어요. 우리가 알고 있는 다른 단어를 새롭게 정의하는 '정의 놀이'를 추천합니다.

# 우산 속

문삼석

우산 속은
엄마 품속 같아요.

빗방울들이
들어오고 싶어

두두두두
야단이지요.

## 1분
# 엄마 학교

    제가 첫아이를 낳고 몸도 마음도 허약해져 있을 때 저를 일으켜 세운 말이 있습니다. "엄마는 아이의 세계지. 엄마만 있으면 아이는 다른 게 필요 없어." 저의 어머니께서 지나가는 말처럼 하신 이야기였는데 그때 정신이 번뜩 들었습니다. '내가 쓰러지면 저 아이는 세계가 무너지는 거다.' 그 생각을 하니 두 다리에 힘이 들어갔습니다. 엄마는 태어나는 것이 아니라 차츰 만들어지는 것 같습니다.

    엄마는 아이의 세계 그 자체라는 것이 이 시의 주제입니다. 아이에게는 엄마 품이 세상에서 가장 든든한 방공호입니다. 아이에게는 엄마가 바라보는 세계가 자기의 미래 세계입니다. 그러니 희망의 눈빛으로 희망하면서 삽시다. 우리가 희망해야, 우리가 씩씩해야 아이가 희망을 믿고 씩씩할 수 있습니다.

이 시는 우산 속에 들어온 아이의 마음으로 썼습니다. 결코 우산 바깥에 있는 아이가 쓴 시가 아닙니다. 그래서 저는 제 아이에게 이 시를 읽어주면서 슬쩍 사과했습니다. 교문 앞에 우산을 들고 서 있지 못하는 '직장맘'이거든요. 아침에 일기예보를 잘 보아주겠다고, 그러니까 예비 우산을 사물함에 꼭 챙겨두라고 말했습니다. 몇 번 비를 맞고 오면 아이가 우산을 스스로 잘 챙기게 됩니다. 그 점이 솔직히 신경 쓰이고 미안합니다.

자, 우산을 잘 챙겨주는 엄마라면 이 시를 읽어주면서 아이에게 감사 인사를 받으세요. 우산을 못 챙겨주는 엄마라면 이 시와 함께 미안한 마음을 전하세요. 자기 우산은 자기가 챙겨야 한다고 생각하는 독립적 엄마라면 우산을 챙기는 것은 각자의 몫이라고, 이 시는 우산이 아니라 엄마 품에 대한 시라고 말해주세요. 그리고 엄마인 우리 모두 말해줍시다. 우산이 있든 없든 엄마의 품은 늘 너의 것이라고.

## 동요 개사하기

우리나라에서 우산에 관한 가장 유명하고 쉬운 노래는 동요 〈우산〉일 겁니다. "이슬비 내리는 이른 아침에 우산 셋이 나란히 걸어갑니다"라는 가사로 시작하는데요, 이 우산을 찢어진 우산, 구멍난 우산, 더러운 우산 등등 웃기게 개사해서 불러보세요. 실컷 유치해지세요. 노래도 익히면서 신나게 단어 바꿔치기를 할 수 있습니다.

## 비 오는 날의 소망 목록 적기

비가 오면 무엇을 하고 싶은가요? 저는 산성비 걱정, 대머리 걱정, 빨래 걱정 없이 비를 잔뜩 맞아보고 싶어요. 장화를 신고 물웅덩이를 찾아다니며 첨벙거리는 것도 굉장히 재미있을 거예요. 우산의 빗방울을 누가 잘 터는지 내기도 할 수 있습니다. 여러 날 비가 오면 버섯을 찾아다닐 수도 있고요. 부침개를 같이 만들어 먹을 수도 있겠네요.

4

**꽃 피고 눈 내리고**

우리
자연의 시

# 산 샘물

권태응

바위 틈새 속에서
쉬지 않고 송송송.

맑은 물이 고여선
넘쳐흘러 졸졸졸.

푸고 푸고 다 퍼도
끊임없이 송송송.

푸다 말고 놔두면
다시 고여 졸졸졸.

이 시는 초등학교 3학년 1학기 교과서에 수록되었어요. 지금 이 시를 읽어두면 나중에 우리 아이가 교과서에서 보고 "어? 이거 나 아는 시야!" 하면서 반가워할 겁니다. 아는 작품이 교과서에 나오면 괜히 뿌듯해져요. 그러면서 교과서와 친해진다면 수업 시간은 더 즐거워지겠죠.

시를 한번 보세요. 여기에는 우리나라의 평범한 산에 하나씩 있을 것 같은 샘물이 등장합니다. 시인은 그 흔한 샘물을 너무나도 사랑스럽게 표현하고 있어요. 작지만 맑고 깨끗한 샘물을 바라보고 있으면 우리 기분도 덩달아 좋아집니다.

## 🔍 이런 이야기를 해보세요

이 시의 핵심은 '송송송'으로 시작해 '졸졸졸'로 이어지는 의성어입니다. 그런데 '송송송'과 '졸졸졸'은 그냥 대충 나온 말이 아닙니다. 두 단어가 함께함으로써 시의 상승과 하강 에너지가 매우 강해져요. '송송송'은 땅속에서 물이 위로 솟구칠 때의 모양을 적은 것이고, '졸졸졸'은 물이 아래로 내려갈 때의 소리를 적은 것입니다. 물이 땅 위로 솟았다가, 저 아래로 흘러가는 힘이 송송송, 졸졸졸에 담겨 있어요. 다시 말해 상승했다가 다시 하강하는 것이죠. 그래서 이 시는 귀여우면서도 힘이 느껴집니다.

물이 맨 처음 시작되는 곳을 '발원지'라고 합니다. 거기서 작지만 힘차게 솟구치는 샘물은 생명의 상징입니다. 〈산 샘물〉은 생명이 힘차고 씩씩하게 시작되는 느낌을 주는 작품이죠. 작지만 힘차게 삶을 시작하는 사람이 바로 어린아이들 아닙니까. 이 시가 교과서에 실린 이유가 여기 있습니다. 우리 아이들도 샘물처럼 씩씩하게 솟아나기를, 생명력으로 가득하기를 바라는 마음이 담겨 있어요.

## 의성어·의태어로 시 쓰기

어려서 하는 의성어, 의태어 놀이는 말의 감각을 키우는 데 참 좋습니다. 송송송, 졸졸졸의 느낌을 살려서 시 다시 쓰기를 해볼까요.

"유찬이 콧물이 쉬지 않고 송송송. 누렇게 고여선 넘쳐흘러 줄줄줄."

이렇게 웃기고 더러운 버전도 좋고요,

"지니의 램프 속에서 마법이 송송송. 우리 소원이 넘쳐 흘러 파파팍."

이렇게 멋지고 새로운 버전도 좋아요.

그다음에는 자연이나 집에서 소리가 나는 것을 찾아보고 적당한 의성어를 붙여줄 수도 있어요. 수도꼭지에서 물이 샐 때는 똑똑똑, 폭포가 쏟아질 때는 콸콸콸, 문이 닫힐 때는 삐그덕. 이렇게 의성어를 찾아내다 보면 표현력이 풍성해질 거예요.

# 눈

윤동주

지난밤에
눈이 소복이 왔네

지붕이랑
길이랑 밭이랑
추워한다고
덮어주는 이불인가 봐

그러기에
추운 겨울에만 내리지

윤동주 시인은 독립운동을 하러 가족 모두가 우리나라를 떠나 간도에 자리 잡았기 때문에 태어난 곳도 한국이 아니라 지금의 옌벤지역이었어요. 바른 일을 하는 올곧은 집안 사람이어서 그런지 시인도 참 반듯했다고 해요. 겉옷 하나 걸어놓을 때도 구김 없이 펴놓았다고 하죠.

그런 윤동주 시인이 특히 잘 다룬 소재가 바로 '눈'입니다. 하얗고 깨끗한 눈이 윤동주 시인의 이미지와 잘 어울리죠. 이 시에서 특별히 시인은 눈을 따뜻한 것으로 표현합니다. 그는 눈처럼 맑고 깨끗한 사람일 뿐만 아니라 눈도 따뜻하게 바라보는, 아주 따뜻한 사람이었던 거죠.

와우~ 떠오른다, 시!

Ep.19

눈이 차갑고 미끄럽지 않고 '이불'처럼 포근포근 이 세상을 덮어준 대요. 눈을 이불이라고 보는 것이 바로 동시의 매력이고 힘입니다. 이런 발상은 우리 아이도 가능합니다. 우리 아이는 눈을 눈이 아닌 무엇으로 표현할까요. 하얀 설탕 가루? 케이크 위의 생크림? 솜뭉치?

아이가 무언가를 있는 그대로 지칭하지 않고 '다른 무엇' 같다고 표현한다면 엉뚱하다고 하지 말고 귀한 상상력이다, 칭찬해주세요. 편견 없이 새롭게 보는 힘을 우리는 '은유'의 힘이라고 합니다.

은유는 미래 사회에서 가장 중요한 능력이 될 겁니다. 심리학자 김경일 교수는 AI 시대에 우리 아이가 갖춰야 할 능력으로 '은유'를 꼽았어요. 이 은유를 가장 많이 접할 수 있는 곳이 바로 시라는 장르입니다. 동시를 읽으면 은유의 방식, 은유의 힘이 우리 아이에게 스며들어요. 앞으로는 창의력과 상상력의 시대가 펼쳐지겠죠. 아이가 더 새롭게, 더 다르게 볼 수 있도록 응원해주세요.

## ✏️ 이런 활동은 어때요?

### '눈'에서 시작하는 연계 독서

실제로 눈이 많이 내리면 봄에 보리 싹이 더 잘 자란다고 해요. 쌓인 눈이 정말 이불처럼 추위를 막아주기 때문에 그 밑에 있는 겨울 보리가 얼지 않는대요. 이 시를 읽고 아이가 눈에 관련된 것들을 더 알고 싶은 눈치라면 이글루, 눈 축제, 빙하에 대한 책으로 연계 독서를 해보세요. 동화책《눈아이》와《눈사람 아저씨》도 정말 좋아요. 거기에도 아주아주 '따뜻한 눈'이 나오거든요.

### 눈을 닮은 솜에 관해 알아보기

솜은 눈과 비슷해 보여요. 둘의 유사성을 바탕으로 아이의 지식을 넓힐 수 있어요. 솜을 들여온 문익점의 이야기부터, 솜으로 옷을 해 입은 조상님들, 솜으로 이불을 만든 우리 문화를 차근차근 알아보아요. 저는 꽃시장에서 목화꽃을 사다 아이에게 꼭 쥐어주었어요. 이건 땅 위에 핀 눈송이이고, 이 안에 우리 문화가 있다고 알려주었죠.

# 날마다 생일

손동연

꽃 한 송이 피었다,
지구는
조심조심 꽃그릇

새알 하나 깨었다,
지구는
두근두근 새 둥지

아이들이 게임을 시작하면 "에이, 죽었다"라는 말을 너무 쉽게 합니다. 저는 게임의 여러 부작용을 걱정하는데 그중에 '쉬운 죽음의 경험'이 있습니다. 죽음이 쉬워지면 생명의 무게도 가벼워집니다.

하지만 엄마들은 알고 있습니다. 사람이 얼마나 어렵게 태어나는지. 생명이 얼마나 조심조심 지켜지는지. 부모는 열 달을 꼬박 조심해서 아이를 낳습니다. 몇 년간 밤잠을 설쳐가며 아이를 돌봅니다. 생명은 그렇게 천천히 자라고, 정성껏 지켜지는 겁니다. 그 진리를 게임의 법칙이 너무 쉽게 지우는 것을 저는 걱정합니다. 그래서 우리 아이들에게 이런 생명의 시가 필요합니다.

한 번 쓰고 마는 일회용처럼, 쉽게 죽고 살아나는 게임 캐릭터처럼 생명과 지구를 다루어서는 안 된다는 것을 아이들이 어려서부터 느꼈으면 좋겠습니다.

시의 제목이 왜 '날마다 생일'인지 아세요? 지구에서는 날마다 새로운 생명이 태어나고 있다는 말입니다. 시에서는 꽃 한 송이, 새알 하나라고 표현했지만 사실 날마다 아주 많은 생명이 태어나겠지요. 지구는 태어나는 생명체로 가득한, 활기차고 아름다운 공간인 셈이네요.

이 시에는 기상이변이나 싱크홀, 재난과 고통이 등장하지 않죠. 그렇다면 이 시는 현실을 부정하는 것일까요? 아니요. 이렇게 아름다운 지구를 알게 되면 지켜주고 싶고 회복시키고 싶은 게 사람의 마음입니다. 생명의 지구를 사랑하는 마음이 시에서 느껴집니다.

저는 이 시의 비유가 참 신선해서 좋았습니다. 시인은 아주 큰 지구를 작은 그릇이나 둥지로 표현해요. 사실 큰 것은 큰 것에, 작은 것은 작은 것에 연결하는 게 보통의 사고방식이거든요. 덕분에 제가 좋아하는 정지용 시인을 떠올릴 수 있었어요. 정지용의 〈바다 9〉라는 시에는 지구가 '한 송이 연꽃'이라는 구절이 나옵니다. 물론 우리 아이는 아직 이해하지 못할 시입니다. 그렇지만 고등학교 때 만나게 될지 몰라요. 어릴 때 이런 시를 두루 읽어두면 아이 안에 그 조각이 남아 있을 겁니다.

## ✏️ 이런 활동은 어때요?

### '지구 사랑'의 연계 독서

이 시를 읽고 나서 나태주 시인의 〈마당을 쓸었습니다〉를 읽어보시기를 추천합니다. 비슷한 점이 있어서 연계 읽기가 가능합니다. 나태주 시인은 "마당을 쓸었습니다 / 지구 한 모퉁이가 깨끗해졌습니다"라고 합니다. 나의 작은 행동 하나로 세상이 바뀔 수 있다는 말입니다.

손동연 시인이나 나태주 시인과 같은 마음으로 살면 무엇이 좋을까요. 작은 일을 소홀히 하지 않게 됩니다. 내가 이 세상에 비하면 보잘것없이 작은 사람이고 영향력이 없다는 생각을 하지 않게 됩니다. 세상의 중심에서 지구를 사랑하게 됩니다.

# 꽃씨

최계락

꽃씨 속에는
파아란 잎이 하늘거린다.

꽃씨 속에는
빠알가니 꽃도 피어 있고,

꽃씨 속에는
노오란 나비 떼도 숨어 있다.

# 1분
# 엄마 학교

'후생가외後生可畏'라는 말이 있어요. 아버지가 저에게 화났을 때 중얼거리던 말입니다. 처음에는 무슨 말인지 몰랐어요.

'후생가외'란 늦게 태어난 사람을 공경하고 두려워하라는 말입니다. 아버지는 "후생가외라고, 나는 너를 존중해야 해!"라면서 화를 덜어내셨어요. 저는 당신보다 더 훌륭한 사람이 될 것이며 당신은 미래의 멋진 어른에게 함부로 화를 낼 수 없다면서 돌아서셨어요. 덕분에 저도 학생들을, 젊은이들을, 어린이들을 볼 때마다 그때를 떠올리며 '후생들께 잘 해드려야지'라고 생각합니다.

내 아이가 바로 후생, 나보다 늦게 태어난 사람이죠. 아이를 공경하고 존경해야 합니다. 그 아이는 무궁무진한 가능성을 지닌 사람이기 때문입니다. 미래의 스티브 잡스가 될지도 모르는데 그분이 지금 과자 좀 흘렸다고 혼내실 겁니까.

와우~ 떠오른다, 시!

Ep.21

이 시는 '가능성'의 시입니다. 꽃씨 속에 파란 잎과 빨간 꽃과 노란 나비 떼가 숨어 있대요. 아주 작고 작은 꽃씨 속에 정말 그것들이 들어 있습니까? 아니죠. 앞으로 다가올 꽃씨의 미래에 그것들이 있다는 이야기입니다.

그런데, 저는 이 시에서 진짜 중요한 것은 가능성이 아니라고 봅니다. 이 시는 '믿음'에 대한 시입니다. 가능성에 대한 믿음이 이 시의 잎과 꽃과 나비를 불러온 겁니다. 작은 꽃씨는 사실 꽃까지 가지 못할 수도 있습니다. 나비 떼와 놀지 못할 수도 있어요. 그렇지만 단 1퍼센트의 가능성만 있어도 믿어줘야 합니다. 이것이 딱 우리 엄마의 마음 아닙니까.

우리 아이가 잘 클 것이라는 사실을 웩슬러 검사가 부정하고, 아이큐 검사가 부정하고, 주변 사람들이 의심해도 엄마는 믿습니다. 믿어 줘야 합니다. 우리 아이가 지금 씨앗이지만 그 안에서 파란 희망과 멋진 어른의 모습이 보인다고 엄마 스스로를 설득하세요. 그리고 찬란한 꽃을 보듯 우리 씨앗들을 바라봐주세요. 우리 씨앗들은 그 믿음을 먹고 자랍니다.

## ✏️ 이런 활동은 어때요?

### '시적 허용' 알아보기

파아란, 빠알가니, 노오란. 이 세 단어가 문제입니다. 맞춤법을 조금 배우기 시작한 어린이라면 엄마에게 물어볼 겁니다. "엄마, 왜 '파란' 이 아니고 '파아란'이야? '빠알가니'가 대체 무슨 말이야?" 자, 이 말이 맞춤법상 맞는 말은 아니죠. 아이에게 '시적 허용'이라는 말을 알려주세요. 시에서는 말을 조금 장난치듯, 자기 맘대로 조금 바꿔서 써도 사람들이 "그게 시야"라고 이해한다고 알려주세요. 그러면서 일상에서 시적 허용을 연습할 수 있겠죠. 세상에 없던 말을 만들어놓고 "그건 '시적 허용'이야" 하고 깔깔거릴 수 있어요.

# 초록 바다

박경종

초록빛
바닷물에
두 손을 담그면,

파아란
초록빛
물이 들지요.

초록빛
예쁜
손이 되지요.

초록빛
여울물에
두 발을 담그면,

물결이
살랑살랑
어루만져요.

우리 순이
손처럼
간지럼 줘요.

이 시는 '감각'으로 읽어야 합니다. 특히 시각과 촉각이 중요하죠. 먼저 아이들에게 오감이 무엇인지 알려주세요. 얼굴을 만지면서 알려주시면 더 좋아요. 눈으로는 시각, 귀로는 청각, 코로는 후각, 입으로는 미각, 볼로는 촉각. 이렇게 중요한 다섯 개 감각이 오감입니다.

현대 사회에서 가장 큰 힘을 발휘하는 감각은 시각이고, 가장 쇠퇴하고 있는 감각은 후각과 촉각이에요. 그중 이 시는 시각과 촉각을 선택했습니다. 시각은 눈을 떠야만 느낄 수 있고 촉각은 눈을 감아야 더 잘 느껴집니다. 다시 말해 앞부분은 눈을 뜬 시, 뒷부분은 눈을 감은 시입니다. 이렇게 시를 나누어 설명해주면 아이들이 보다 신선하게 접근할 수 있을 겁니다.

와우~ 떠오른다, 시!

Ep.4

이 시의 중심은 '물'입니다. 그래서 우리는 이 시를 읽고 나서 물의 중요성과 다양성에 관해 이야기를 나눌 수 있어요. 고대 그리스에서는 공기, 물, 불, 흙, 이 네 가지 '4원소'가 우주를 이루는 기본 요소라고 생각했대요. 이 중에도 물이 있네요. 물이란 생명체와 지구를 이루는 바탕입니다.

왜 물이 중요할까요. 사람의 몸에서 60~70퍼센트 정도는 물이래요. 물을 마시지 못한다면 죽을 수 있고, 깨끗한 물을 마시지 못한다면 병에 걸려요. 아프리카의 어린이에게도 초원의 코끼리에게도 우리 아파트의 비둘기에게도 물은 필요해요. 게다가 우리 아이는 태어나기 전부터 물과 함께 존재했죠. 엄마 배 속에 있을 때 태아는 양수라고 하는 물 속에서 보호받으니까요.

아이들은 물이라고 하면 수도꼭지를 틀면 나오는 물만 떠올리는데 다양한 종류의 물을 찾아보세요. 이름도 여러 가지예요. 빗물도 물이죠. 바닷물은 넓은 물, 개울물은 좁은 물, 파도는 화난 물, 계곡을 흐르는 물은 시끄러운 물입니다. 투명한 물만 있나요? 파란 풀물도 있습니다. 석유도 예전에는 '검은 물'로 불렸고요. 눈도 얼어붙은 물이랍니다. 아, 물은 변신을 잘하는군요.

## ✏️ 이런 활동은 어때요?

### 눈물 모으기

물에는 '눈물'도 있습니다. 저는 아이가 눈물을 흘리면 인어의 눈물 이야기를 해주었어요. 인어가 눈물을 흘리면 진주가 된대요. 헤르만 헤세의 동화 〈난쟁이 필리포〉에 등장하는 인어는 눈물을 모아 진주 목걸이를 만듭니다. 이 이야기를 들으면 아이는 울음을 뚝 그치고 눈물에 관심을 보일 겁니다. 작고 예쁜 유리병을 가져다 아이와 함께 눈물을 모아보세요. 작은 속상함이라면 금방 날아가버릴 거예요.

### 물감 놀이 하기

욕실이 더러워 곧 청소해야겠다 싶으면 아이와 욕실에서 물감 놀이를 시작하세요. 피부에 자극이 없는 놀이용 물감을 사서 손가락으로 그림을 그리는 겁니다. 원시 시대의 동굴 벽화처럼 아이는 욕실 타일에, 욕조에, 바닥에 그림을 그릴 거예요. '에라, 뒷일은 나도 모르겠다'라는 마음으로 잭슨 폴록의 추상화처럼 신나게 물감칠을 해보세요. 다 놀았다 싶으면 그때 아이를 씻기고 청소까지 하면 됩니다. 엄마의 몸이 고단하니 이건 한 달에 한 번만 하기로 해요.

함께 불러봐요~

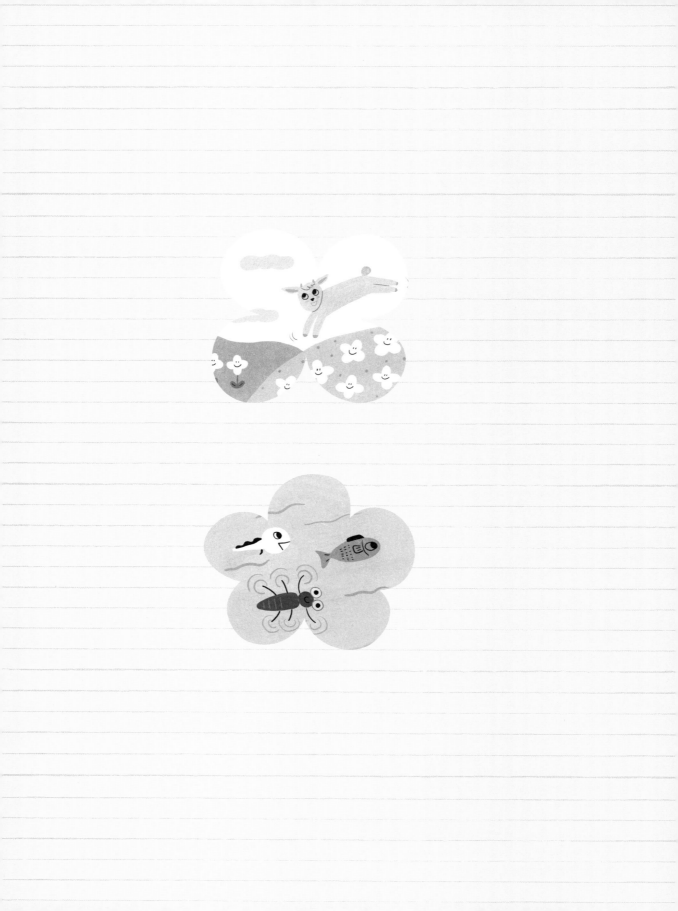

# 5

## 시로 쓴 동물원

### 생태와
### 생명의 시

# 동물나라 옷 가게

박승우

거미가 솔솔 실을 뽑아 오면요
베짱이가 베짱베짱 베를 짜고요
자벌레가 한 치 두 치 재단을 하면요
고슴도치가 한 땀 한 땀 깁고요
전기뱀장어가 매끈매끈 다림질을 하면요
말 잘하는 앵무새가 팔러 다녀요
오늘은 얼룩말에게 옷을 팔았네요
너무 멋지고 잘 맞지 않나요

우리는 지금 공장에서 만든 옷을 사 입습니다. 그러나 100년, 200년 전만 해도 옷을 직접 해 입었습니다. 어머니와 할머니가 직접 옷감을 만들고, 그것을 재단해서 식구들의 옷을 만들었죠. 이것을 '수공예'라고 합니다. 조선시대는 모든 가정에 옷 만드는 장인이 있었던 시절입니다. 아이에게 베틀과 북과 물레 사진을 보여주세요. 우리는 알지만 아이에게는 먼 일처럼 느껴지는 옷 이야기를 들려주세요. 그러면 아이는 의식주 중 '의'에 대한 지식을 쌓게 됩니다.

와우~ 떠오른다, 시!

Ep.15

각 행의 주어가 '왜' 그 동물인지 이해하는 것이 시의 핵심입니다. 아이들은 거미가 실을 자아낸다는 말은 이해할 겁니다(그리스 신화에서 거미가 된 아라크네 이야기를 함께 찾아보세요). 그런데 베짱이가 왜 베짱이가 되었는지 요즘 아이들은 잘 모를 거예요. 베짱이의 뒷다리를 잡으면 규칙적으로 몸을 까딱대는 모습이 베를 짜는 것처럼 보여서 그렇다고 알려주세요. 자벌레가 왜 자벌레인지, 재단이 무엇인지도 알려주세요. 이 모든 동물들이 힘을 합해서 얼룩말에게 옷을 만들어 입혔네요.

이 시를 읽은 후에는 〈잠자는 숲속의 공주〉에서 물레의 존재가, 〈두루미 아내〉에서 베틀의 존재가 보일 거예요. 〈견우와 직녀〉에서 '직녀'라는 이름이 옷감 짜는 사람이라는 뜻이라고 알려주시고, 〈벌거벗은 임금님〉에서 재단사의 존재를 더해주세요.

## 머리로, 손으로 염색하기

옷은 시인이 만들었으니 우리는 염색을 해볼까요. 집 안에 있는 가족의 옷을 보면서 그 색을 자연에서 찾아보세요. "검정 바지는 바닷속 문어가 먹물로 물을 들여주었고, 노란색 양말은 민들레 꽃잎을 짜서 물들였대요." 이런 식의 상상 놀이도 가능하고요. 아이들이 쓰던 가제 손수건을 '타이다이(홀치기)' 방식으로 염색하는 것도 재미있습니다. 고무줄로 수건을 이리저리 꽁꽁 묶어 물감 푼 물에 담가보세요. 묶인 부분이 하얗게 남아 매번 다른 작품이 만들어집니다.

## 나만의 옷 디자인하기

특히 멋쟁이 공주님들이 이 놀이를 좋아할 겁니다. 세계적으로 유명한 한국 디자이너 '미스 소희'를 아시나요. 그의 특징은 중전마마의 머리 모양 같은 한국적인 모티브를 자주 사용하고, 꽃을 의상으로 변신시킨다는 거예요. 장미꽃이 드레스로 변신한 것 같고, 연꽃이 모델의 몸을 감싸고 있는 것 같아요. 우리도 이런 식으로 우리 주변의 것들을 옷으로 변화시킬 수 있습니다. 주변의 식물, 동물을 모티브로 의상을 디자인해볼까요. 디자인 공책 맨 앞 장에는 '○○○의 포트폴리오'라고 제목을 크게 써줍시다.

# 닭

강소천

물 한 모금 입에 물고,
하늘 한 번 쳐다보고.

또 한 모금 입에 물고,
구름 한 번 쳐다보고.

강소천의 동시에서 가장 중요한 것은 닭이 아니라 닭을 보는 '눈'입니다. 어떤 편견도 없이, 대단한 지식도 없이, 순수하게 대상을 바라보는 깨끗한 눈이 바로 이 시를 탄생시켰거든요.

관찰이 과학 시간에만 필요한가요. 관찰은 어디서든 아주 중요한 역할을 합니다. 친구와 함께할 때도, 독서 시간에도, 미술 시간에도 관찰하는 습관은 매우 큰 도움을 주죠.

관찰하고 그것을 말로 표현하는 활동이 아이의 사고력에 깊이를 더해줄 거예요. 세상은 너무 바빠서 아이 또한 바쁘지만, 우리에게는 여유를 갖고 깊이 관찰하는 버릇이 필요해요. 저는 공부를 잘하기 위해서도 조용히 관찰하는 주의 집중 능력이 아주 중요하다고 생각합니다.

와우~ 떠오른다, 시!

Ep.2

이 시를 만든 기법은 '묘사'입니다. 묘사란 무언가를 본 사람이 그것을 보지 않은 사람에게 마음의 그림을 옮겨주는 것을 말합니다. 이 시처럼 글로 묘사할 수 있고요, 그림으로도 묘사할 수 있습니다. 예를 들어 고흐라는 화가는 밤하늘을 자기만의 방식으로 그렸습니다. 고흐는 마음 속에 품었던 그림을 묘사했던 겁니다.

이 시는 묘사 중에서도 아주 순간적이고도 간결한 묘사에 해당합니다. 그림에서 이와 비슷한 것을 찾자면 '크로키'가 있겠네요. 크로키는 짧은 순간에 핵심만 딱 포착해 그린 그림을 말합니다. 시인은 닭의 여러 가지 특징 중에서도 물을 마시는 그 순간에 주목해서 동시로 만들었습니다. 마치 사진을 잘 찍는 카메라맨 같네요. 순간을 포착하는 시인의 능력이 참 멋있습니다.

원래 묘사를 할 때는 마음의 방향이 드러나는 법입니다. 세상을 아름답게 보는 사람은 세상을 아름답게 묘사하고, 나쁘게 보는 사람은 나쁘게 묘사합니다. 뉴스는 세상을 무섭고 불안한 곳으로 그려놓지만 동시는 항상 아름다운 곳으로 그려냅니다. 세상의 진실이 어떻든 우리 아이들이 생각하는 세상이 동시처럼 순수하길 바랍니다.

## ✏️ 이런 활동은 어때요?

### 동물 퀴즈

이 시를 모르는 가족에게 퀴즈를 내보세요. 시 제목은 알려주지 않고 본문만 읽어주는 거예요. 그리고 제목을 맞혀보라고 하세요. 닭이 이렇게 물을 먹는 줄 모르는 사람이 많거든요.

닭에서 시작해 여러 동물로 퀴즈를 넓혀나갈 수 있습니다. 각자 동물의 특징을 말로 표현하고 다른 가족이 맞히도록 하는 거예요. 몸으로 흉내를 내도 좋겠죠. 어떤 시인은 〈뱀〉이라는 제목의 시를 딱 한 줄로 썼대요. "너무 길다."

### '닭'에서 시작하는 연계 독서

닭이 등장하는 유명한 작품들을 읽어보세요. 우선 황선미의 《마당을 나온 암탉》이 있습니다. 어린이용 그림책도 있고 조금 큰 아이를 위한 줄글 책도 있고 애니메이션도 있습니다. 초등학교 고학년 아이라면 중국 작가 창신강의 《열혈 수탉 분투기》를 추천합니다. 닭이 등장하는 아주 재미있는 애니메이션도 있어요. 〈치킨런〉(2000)이라는 클레이 애니메이션입니다. 영화 속 등장인물과 소품까지 클레이로 하나하나 만들었을 제작팀에게 감탄하면서 보게 됩니다. 더불어 양계장과 동물 복지에 대해 생각할 기회가 됩니다.

# 사슴 뿔

강소천

사슴아, 사슴아!
네 뿔엔 언제 싹이 트니?

사슴아, 사슴아!
네 뿔엔 언제 꽃이 피니?

사슴의 뿔이 멋지다는 생각을 우리 조상도 했나 봅니다. 신라의 왕관은 사슴 뿔을 본뜬 모양입니다. 이 시를 읽은 뒤에 신라 임금님의 번쩍이는 금관 왕관을 찾아보세요. 왕관에 반짝이는 금장식들이 쪼로니 달려 있는데 이 시에서 이야기하듯 사슴의 뿔에 잎사귀가 돋고 꽃이 핀 것만 같습니다.

이 시에서 가장 중요한 것은 '뿔'입니다. 시인이 뿔을 무엇으로 보고 있나요? 네, 바로 '가지'로 보고 있어요. 수컷 사슴의 멋지고 큰 뿔을 '가지뿔'이라고 하는데 마치 나뭇가지처럼 이리저리 뻗기 때문에 그렇게 부른대요. 뿔 때문에 사람들이 옛날부터 사슴을 숲의 정령이자 신령스러운 동물로 여겼던 거겠죠. 시인은 나무를 머리에 얹고 다니는 듯한 사슴의 모습이 신기했나 봐요. 그 가지에 언제 싹이 트고 꽃이 피는지 물어보고 있네요.

와우~ 떠오른다, 시!

Ep.7

동물은 살아 있는 생명체이죠. 그런데 어떤 문화에서는 동물들이 특별한 의미를 지닙니다. 각 동물에게 고유한 이미지가 있다는 것을 아이들이 자연스럽게 배운다면 정말 유익할 겁니다.

전통문화에서 사슴은 특별하게 다뤄집니다. 그렇게 오래 사는 동물이 아닌데도 십장생(오래도록 살고 죽지 않는다는 열 가지) 중 하나일 정도로 사랑받았어요. 앞서 말했듯이 사슴은 숲의 정령처럼 여겨졌기 때문입니다.

그럼 다른 동물들은 어떠할까요. 이 시로 출발해서 여러 동물의 이야기를 나눠보세요. 예를 들어 호랑이는 전통적으로 산신령으로 여겨졌습니다. 우아한 학은 신선이 꼭 키워야 하는 반려 새였고, 거북이는 예나 지금이나 장수를 의미합니다. 뱀은 어떨까요. 어떤 사람들은 뱀을 무서워하고 사악한 동물이라고 생각하는데 다른 의미도 있어요. 구급차를 보면 지팡이를 휘감은 두 마리 뱀이 그려져 있습니다. 뱀이 치유를 상징하기도 하는 겁니다.

이렇게 눈앞에 보이는 것에 그 이상의 의미가 담겨 있다는 사실을 알아야 합니다. 그래야 지식도 쌓이고 이해력도 좋아집니다.

## ✏️ 이런 활동은 어때요?

### 다른 사슴들 찾아보기

사슴은 여기저기서 사랑받는 동물입니다. 디즈니에는 사슴이 주인 공인 애니메이션 〈아기 사슴 밤비〉가 있고요, 우리 전래 동화 〈나무꾼과 선녀〉에서는 사슴이 조력자 역할을 하죠. 또 어디에 사슴이 등장할까요. 한라산 꼭대기에 있는 백록담 아시죠? 백록담이라는 이름도 '하얀 사슴이 물 먹으러 오는 연못'이라는 뜻이거든요. 사슴 중에서도 하얀 사슴은 신선을 태우고 다니는 짐승이었습니다. '백록담 전설'을 찾아보면 이 사슴이 등장합니다.

동양에서는 신선이 사슴을 키운다면, 서양에서는 산타 할아버지가 사슴 루돌프를 데리고 다닙니다. 시를 읽고 나서 "루돌프 사슴 코는 매우 반짝이는 코" 하며 캐롤을 불러보는 것도 좋겠습니다.

# 연못 유치원

문근영

올챙이, 수채, 아기 붕어가
같이 다녔대

올챙이는
개구리가 되어 뛰어나가고

수채는
잠자리가 되어 날아가고

지금은
붕어만 남아
연못 유치원을 지키고 있대

저는 이 시를 엄마인 그대에게 주고 싶어요. 조금은 우리 몫도 있어야 하지 않겠어요. 무엇보다 제가 이 시를 좋아합니다.

초등학교 때 제게는 친구들이 있었어요. 중학교 때 처음 교복을 입고 만난 친구들도 있었죠. 고등학교 때도 참 좋아한 친구들이 있었습니다. 그 친구들은 어디에 있을까요. 우리의 올챙이와 수채와 붕어는 어디에 있을까요. 고향 마을과 그곳에서의 졸업을 생각하면서 이 시를 읽으면 우리의 과거가 몽글몽글 떠오릅니다. 엄마 여러분, 한때는 우리도 귀여운 올챙이와 수채와 아기 붕어였습니다. 그 올챙이와 수채와 아기 붕어를 사랑하는 마음으로 이 시를 읽어주세요.

## 🔍 이런 이야기를 해보세요

이 시는 아이의 작고 귀여운 사회생활을 그린 시로 이해할 수 있습니다. '연못 유치원'은 어린이집이 될 수도 있고 유치원이나 초등학교가 될 수도 있죠. 처음 낮잠 이불을 싸 들고 아이를 어린이집에 데려다줄 때를 기억하시나요? 첫날은 엄마도 긴장하고 아이도 긴장합니다.

이때 아이에게 "여기 연못 유치원에 올챙이, 수채, 아기 붕어가 같이 다니는 것처럼 너도 유치원에, 초등학교에 잘 다닐 거야"라고 말해주세요. "너는 지금 예쁜 연못 속에서 신나게 헤엄치는 중이야"라고 말해주세요. 사회생활의 시작이 두려울 때 이 시는 마음을 편안하게 해줍니다.

그런데 시를 읽어보니 친구들이 하나둘 유치원을 나가버리네요. 이 시는 짧지만 인생의 지혜를 담고 있어요. 인생에서 친구를 만나고 친구와 헤어지는 것은 아주 자연스러운 일이죠. 이것을 한자로 '회자정리 거자필반會者定離去者必返'이라고 해요. 만난 사람은 반드시 헤어지고, 헤어진 사람은 반드시 다시 돌아온다는 말입니다. 아이들은 아직 한자를 모르지만, 시를 통해 이 진리를 조금 직감할지도 모릅니다.

## ✏️ 이런 활동은 어때요?

### 올챙이의 성장 과정 찾아보기

올챙이가 개구리가 되어가는 과정을 그린 동화책이나 생태 책을 도서관에서 구해봅시다. 뒷다리부터 나오는지 앞다리부터 나오는지 함께 찾아보고, "개울가에 올챙이 한 마리 꼬물꼬물 헤엄치다 앞다리가 쑤욱" 〈올챙이와 개구리〉 노래를 부르면 더 좋겠습니다. 더불어 잠자리가 어디에 알을 까는지 수채가 모기 애벌레인 장구애비와 어떻게 비슷하고 어떻게 다른지 알려주세요. '수채'라는 단어는 자주 듣지 못하는 단어인 만큼 문해력을 높이는 데도 도움이 됩니다.

# 누가 누가 잠자나

목일신

넓고 넓은 밤하늘엔
누가 누가 잠자나
하늘나라 아기별이
깜빡깜빡 잠자지

포근포근 엄마 품엔
누가 누가 잠자나
우리 아기 예쁜 아기
쌔근쌔근 잠자지

깊고 깊은 숲속에선
누가 누가 잠자나
산새들새 모여 앉아
꼬박꼬박 잠자지

## 1분
# 엄마 학교

이 시는 그냥 노래입니다. 시를 읽다 보면 점점 뭔가 흥얼거릴지도 몰라요. 우리에게 아주 익숙한 동요거든요. 시가 먼저였고 노래가 다음이지만 순서는 중요하지 않습니다. 노래가 된 동시들, 그중에서도 오랫동안 불려 지금까지 살아남은 동시에 주목하시길 바랍니다. 오랫동안 입에서 입으로 불리고 잊히지 않은 노래에는 반드시 이유가 있거든요. 특히 이 노래는 아이들 잠자리 노래로 불러주기 딱 좋습니다.

와우~ 떠오른다, 시!

Ep.22

이 시가 잘 쓰인 작품인 이유는 시의 '구성'이 탁월하기 때문입니다. 우선 1연은 '하늘'의 이야기입니다. 그리고 2연은 '땅'의 이야기죠. 그리고 3연은 하늘과 땅 사이 '사람'의 이야기를 담고 있습니다. 하늘, 땅, 그리고 사람. 이 세 가지 요소를 '천지인'이라고 합니다.

천지인이 스마트폰 한글 자판의 입력 원리라는 이야기를 들어보셨을 거예요. 사실 천지인이라는 것은 옛날부터 사용되던 말입니다. 동양철학에서는 만물의 기본을 천지인이라고 봅니다. 쉽게 말해서 천지인이란 이 세상 모든 것입니다. 시인은 하늘, 땅, 그리고 사람 이 세 가지 요소를 차례대로 배치했어요. 그래서 이 시를 읽으면 뭔가 잘 진행되고 잘 끝났다는 느낌, 안정감을 느끼게 된답니다. 천지인을 마음으로 느끼게 되죠.

## ✏️ 이런 활동은 어때요?

### 아이의 이름을 넣은 자장가 부르기

목일신 시인에게는 두 딸과 한 아들이 있었답니다. 첫째 따님에게 제가 직접 들은 이야기입니다. 시인의 아내는 밤마다 세 자녀를 재우면서 〈누가 누가 잠자나〉를 부르셨대요. 마지막 3연, 다시 말해 노래의 3절을 부를 때는 항상 "누가 누가 잠자나, 우리 민정이 예쁜 민정이 쌔근쌔근 잠자지" 하고 아이의 이름을 넣어 바꿔 불러주셨대요. 세 아이 모두 자기 이름을 꼭 넣어서 불러줘야 그날 잠을 청할 수 있었다고, 날마다 어머니가 세 번씩 각자의 노래를 불러주었다고 합니다.

이 아름다운 추억을 말할 때 목일신 시인의 따님은 굉장히 행복해 보였어요. 우리 아이에게도 그 행복을 전해볼까요. 누가 누가 잠자나, 우리 아이의 이름을 넣어 불러주세요. 아이에게는 노래가 아니라 축복이 될 겁니다.

함께 불러봐요~

# 아기 염소

이해별

파란 하늘 파란 하늘 꿈이
드리운 푸른 언덕에
아기 염소 여럿이
풀을 뜯고 놀아요
해처럼 밝은 얼굴로
빗방울이 뚝뚝뚝뚝
떨어지는 날에는
잔뜩 찡그린 얼굴로

엄마 찾아 음매
아빠 찾아 음매
울상을 짓다가
해가 반짝 곱게 피어나면
너무나 기다렸나 봐
폴짝폴짝 콩콩콩
흔들흔들 콩콩콩
신나는 아기 염소들

저는 이 노래를 들으면 눈물이 납니다. 저와 제 첫아이가 이 노래를 매우, 자주 불렀거든요. 초보 엄마가 되어 생각나는 모든 동요를 쥐어짤 때, 아이 반응이 제일 좋았던 노래였어요. 그래서 '우리의 노래'가 되었죠. 백일 아이를 눕혀놓고 이 노래를 불러주면 눈이 동그래져서 듣곤 했어요. "폴짝폴짝 콩콩콩, 흔들흔들 콩콩콩." 이 부분에서는 제 입을 빤히 바라보면서 두 다리를 까딱거렸어요.

지금 이 노래는 눈물이 나서 부를 수가 없어요. 그때 그 시간이 너무나 그립거든요. 피곤하고 피곤하며 또 피곤했지만 아이는 어렸고 저는 젊었죠. 다시 돌아가라고 하면 돌아가진 않겠지만 너무나 그립네요. 노래로 된 시가 그래서 좋은 거예요. 단 하나의 곡이라도 '우리의 노래'를 만드세요. 우리 아이는 기억 못 해도 엄마의 행복이 될 거라 장담합니다.

아이들은 이 노래의 곡조와 의성어, 의태어에 강한 매력을 느낍니다. 그 부분은 더 분명한 발음으로 신나게 불러보는 게 이 노래의 핵심입니다. 참고로, 제가 이전에 작업한 동시와 동요 중에서 어린 독자들이 엄마와 가장 잘 놀았다고 답했던 작품이랍니다.

밝았다가 찡그렸다가, 신나는 노래입니다. 동요치고는 상당히 격렬하게 진행되어요. 장면이 휙휙 전환되어서 에너지가 강합니다. 게다가 이 노래에는 스토리가 담겨 있죠. 주인공은 아기 염소들입니다. 우리는 실제로 염소와 친하지 않지만 이 노래 속 염소와는 기꺼이 친해질 수 있어요.

노래를 부르고 나서 영화 〈나니아 연대기〉에 등장하는 '파우누스' 캐릭터를 보여주세요. 파우누스는 자연과 목축의 신으로 하반신은 염소이고 상반신은 인간인 반인반수입니다. 로마 신화에서는 판Pan이라는 이름으로 불리기도 해요. 이렇게 잡식을 확장해나가는 거죠.

함께 불러봐요~

## ✏️ 이런 활동은 어때요?

### 노래 부르기

일어나든, 앉든, 엎드리든, 차를 타고 있든 상관 없어요. 아이와 엄마가 같이 부르기 딱 좋고, 가족끼리 목청 높여 부르기 딱 좋은 노래 잖아요. 신나게 불러보세요.

### '염소'에서 시작하는 연계 독서

염소가 등장하는 가장 유명한 소설은 김승옥의 〈염소는 힘이 세다〉 입니다만 우리 아이들이 읽기에는 너무 이르죠. 동화 중에서 추천할 작품은 다시마 세이조의 〈염소 시즈카〉입니다. 읽으면서 농촌 마을의 풍경과 자연의 생명력을 느낄 수 있습니다.

### 아프리카로 간 염소 찾아보기

예전에 한 봉사단체에서 아프리카의 어린이에게 염소를 보냈어요. 염소를 키우면 가정에 보탬이 되고 학교에 가서 공부도 할 수 있다고 합니다. 그런데 왜 염소일까요? 염소는 척박한 환경에서도 무럭무럭 잘 큰대요. 그래서 강인한 생명력을 상징하는 동물이랍니다. 이번 기회에 아프리카와, 아프리카의 어린이와, 아프리카의 염소에 관해 이야기를 나누면서 나눔의 소중함을 알아보세요.

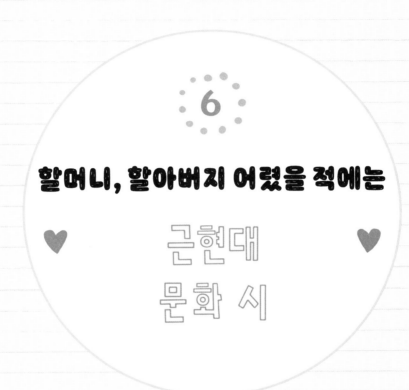

**6**

## 할머니, 할아버지 어렸을 적에는

근현대
문화 시

# 숨바꼭질

윤복진

꼬옥꼬옥 숨어라
꼬옥꼬옥 숨어라

꼬옥꼬옥 숨어라
꼬옥꼬옥 숨어라

텃밭에는 안 된다
상추 씨앗 밟는다

종종 머리 찾았다
장독 뒤에 숨었네

꽃밭에도 안 된다
꽃모종을 밟는다

까까중을 찾았다
방앗간에 숨었네

울타리도 안 된다
호박순을 밟는다

금박댕기 찾았다
기둥 뒤에 숨었네

〈오징어 게임〉이라는 드라마를 보면서 우리는 한국의 전통 놀이가 세계적 문화가 될 수 있음에 놀라워하죠. 이 작품도 어린이의 놀이 문화를 다루고 있어요. 숨바꼭질은 전 세계 아이들이 함께 즐기는 놀이이기도 하죠. 미국 어린이도 한국 어린이도 숨바꼭질을 좋아하다니 참 신기한 일입니다. 윤복진 시인의 〈숨바꼭질〉은 약 100년 전에 발표된 시입니다. 아이들에게 그 옛날 아이들도 너희처럼 숨바꼭질을 했다는 것, 동심은 시대를 넘어 이어지고 있다는 것을 알려주세요.

이 시는 노래인 동시에 우리 아이들에게 전통적인 어린이 문화와 그 풍물을 소개할 수 있는 중요한 시작점입니다. 술래가 꼭꼭 숨으라고 하면서도 왜 텃밭과 꽃밭과 울타리에 숨으면 안 된다고 했는지 자세히 살펴보세요. 텃밭과 꽃밭과 울타리와 방앗간은 옛날 동네에서 중요한 역할을 하던 장소들입니다. 그 장소들이 어떻게 생겼는지, 모종이 무엇이고 호박순이 무엇인지 알려주세요. 장, 장독, 장독대가 문화적으로 어떤 의미가 있는지, 어떻게 생겼는지 설명하고 보여주세요.

남자아이의 까까머리가 이와 서캐가 생기는 걸 방지하기 위한 헤어스타일이고 여자아이들의 금박댕기가 땋은 머리를 묶는 머리끈이라는 것을 알려주세요. 이 고전적인 풍경은 반드시 알아야 하는 지식에 해당하지만, 아이들은 이제 이런 풍경을 일부러 익히지 않으면 잘 모르는 세대거든요.

### 전통 놀이 하기

한국의 전통 놀이를 하나씩 알아보고 직접 해본다면 정말 좋겠죠. 노는 것처럼 보이지만 사실 아이들은 문화적 힘을 기르고 있는 겁니다. 모두 첨단 기술과 AI만 부르짖으며 달려갈 때 누군가는 과거와 미래를 함께 쥐고 있다고 생각해보세요. 그게 힘입니다. 딱지치기, 비석치기, 공기놀이, 윷놀이, 쥐불놀이, 땅따먹기, 강강술래, 줄다리기 등 아이들에게는 '레트로'로 느껴지는 경험이 쌓이도록 해주세요. 우리 아이들이 자라서 이 경험을 세계적으로, 현대적으로 재탄생시킬지 모를 일이죠.

# 옥중이

신현득

옥중아 옥중아
너는 커서 뭐 할래?

보리밥 수북이 먹고
고추장 수북이 먹고

나무 한 짐
쾅당! 해 오지.

이 시의 배경이나 환경이 아이들에게는 낯설 수 있습니다. 특히 아이들은 '옥중이'가 사람 이름인가, 싶을 겁니다. 이렇게 옛날식 이름에 익숙해지는 것도 좋은 일입니다. 전래 동화나 고전소설, 한국 소설을 읽다 보면 이런 이름을 만나게 될 테니까요.

아이들은 보리밥과 고추장이라는 식단도 의아해할지 모릅니다. 돈가스, 불고기, 떡볶이 같은 것을 먹어왔으니까요. 그럴 때는 옛날 할머니, 할아버지 어렸을 적에는 보리밥에 고추장이 흔한 밥상 음식 중 하나였다는 것을 알려주세요. 그리고 '나무를 한 짐 해 온다'는 것이 무엇을 의미하는지도 알려주세요. 아궁이와 부지깽이, 지게 사진도 보여주세요. 우리 아이들이 옥중이와 친해지면 자신도 모르게 이전 세대의 문화에 대한 공부를 하는 셈입니다.

와우~ 떠오른다, 시!

Ep.10

"너는 커서 뭐 할래?"

옥중이는 아주 소박한 아이입니다. 자라서 무엇이 되고 싶냐고 물었더니 부자도 아니고 학자도 아니고 그저 나무 많이 하는 사람이 되고 싶다고 합니다. 그런데 옥중이는 왜 나무꾼이 되고 싶었을까요?

옥중이는 옛날 시골 마을에서 살던 어린이입니다. 당시에는 어린아이에게도 땔감 줍기를 시키곤 했는데 옥중이에게는 그 일이 중요했나 봅니다. 그래서 어른이 되어 더 큰 나무 짐을 보란 듯이 해 오고 싶은 겁니다.

세상과 환경이 달라지면 아이들의 꿈도 달라지는 법이죠. 우리 아이에게 "너는 무엇이 될래?" 물어보는 것도 중요하지만, "어떤 사람이 될래?"라고 물어봐주세요. 아이가 생각하는 가치에 대해 물어봐주세요. 진로 교육이 활발해지고 있지만 우리 아이들이 스무 살이 되기도 전에 직업을 결정하는 것은 참으로 부담스러운 일입니다. 대학에 와서도 직업을 고민하는 학생이 많거든요. 우리 아이가 직업을 미리 결정하지 않아도 괜찮습니다. 세상은 빨리 바뀌기 때문에 뭐가 될지 모르는 게 당연해요. 무엇보다 자신감이 제일 중요합니다. 우리 아이들이 꿈꾸기 그 자체를 꿈꾼다면 좋겠습니다.

## ✏️ 이런 활동은 어때요?

### 먹고 싶은 것 말해보기

옥중이는 씩씩한 어른이 되고자 합니다. 그러려면 밥을 '수북이' 먹어야 한대요. 그러니까 이 시는 밥 잘 안 먹는 아이에게 "네 무엇을 먹으려느냐?" 물어보는 시로 활용할 수 있습니다.

옥중이는 밥을 많이 먹고 매운 것도 많이 먹어서 쑥쑥 크고 싶었나 봅니다. 우리 아이가 쑥쑥 크려면 무엇을 많이 먹어야 할까요. 키 크는 영양제를 먹여야 할까요, 초유를 먹여야 할까요. 아이가 좀처럼 크지 않는다 싶으면 성장판 검사를 하러 가는 지금의 엄마들에게는 심각한 문제입니다. 무엇을 먹고 클 것인지 아이와 계획을 나누어봅시다. 우리도 옥중이를 따라 한번 수북이 먹여봅시다.

# 씨 하나 묻고

윤복진

봉숭아 나무
씨 하나
꽃밭에 묻고,

하루해도
다 못 가
파내 보지요,

아침결에
묻은 걸
파내 보지요.

한 생명이 태어나기 위해서는 기다리는 마음이 필요합니다. 엄마가 너를 열 달 동안, 300일 동안 기다렸다고 알려주세요. 시를 읽으면서 기다리는 그 마음을 아이가 경험하도록 해주세요. 엄마가 너를 기다렸듯 너도 씨앗을 심으면 믿고 기다려야 한다고 알려주세요. 기다림 없이 얻는 것은 없다고, 인내가 지닌 힘을 알려주세요. 씨앗을 배려해야 한다고 알려주세요. 씨앗도 잠을 자야 하니까 다섯 밤 자도록 기다리자고 약속하고, 인내하고 참아주는 아이를 칭찬해주세요.

봉숭아 나무

봉숭아는 한해살이풀이어서 보통 '나무'라고 부르지 않는데, 이 시에서는 나무라고 부르네요. 동네마다 부르는 명칭이 조금씩 달랐다는 거겠죠. 봉숭아가 옛날 어린이들에게 왜 중요한 식물이었는지 과연 우리 아이들은 알까요?

예전에는 봉숭아꽃과 잎사귀를 따다가 백반이나 소금을 함께 빻아 손톱에 올려 붉은 물을 들이곤 했습니다. 여름에 엄마와 아이가, 누나와 동생이 함께 하던 중요한 행사였죠. 성별을 가리지 않고 어린아이들이 주로 했고, 나이 먹은 아가씨들까지도 즐겨 하던 일이었답니다.

'봉숭아 꽃물 들이기'라는 전통적이고 아름다운 문화가 있었다는 것을 우리 아이도 알게 해주세요. 봉숭아 씨가 익으면 '탁' 하고 터지면서 동그랗고 까맣고 작은 씨앗들을 멀리 날려보낸다는 것도 알려주세요. 이런 문화와 지식을 풍성하게 알아나가면서 우리 아이의 생각은 또 얼마나 많이 자랄까요.

## ✏️ 이런 활동은 어때요?

### 싹 틔우기

볕이 좋으면 하기 좋은 놀이가 있죠. 쟁반에 솜을, 혹은 물티슈를 깨끗이 빨아서 평평하게 깔아두고, 그 위에 씨앗을 뿌린 후 물을 부어서 발아시키는 거예요. 아이와 함께 오늘, 내일 싹을 기다리고, 싹을 응원하고, 함께 뭔가를 하는 과정이 참 소중합니다. 싹이 튼다면 이름을 지어주고 같이 씨앗 그림일기를 써보시면 참 좋겠습니다.

### 타임캡슐 만들기

시에서는 씨를 묻지요. 우리는 무엇을 묻을까요. 저는 타임캡슐을 묻고 싶습니다. 우선 작고 예쁜 철제 통을 준비하세요. 이 핑계로 아이와 쿠키를 사 먹을 수도 있겠네요. 빈 통을 마련하면 거기에 우리 가족의 소중한 보물, 혹은 미래의 우리에게 보내는 편지를 넣는 겁니다. 하나씩 넣은 다음에는 "○○○○년 ○월 ○○일에 ○○○가 넣는다" 등의 쪽지도 넣어주고 통을 닫으세요. 자, 땅을 파고 이 캡슐을 묻으러 갈 수 있을지 없을지는 상황이 결정할 겁니다. 아파트 단지에서는 좀 어렵겠죠. 하지만 묻든 묻지 않든 보물 상자는 만들 수 있어요. 나중에 어른이 된 아이와 열어보기를 기대할 수도 있죠.

# 꼬까신

최계락

개나리 노오란
꽃그늘 아래

아가는 사알짝
신 벗어 놓고

가지런히 놓여 있는
꼬까신 하나

맨발로 한들한들
나들이 갔나

가지런히 기다리는
꼬까신 하나

## 1분
## 엄마 학교

　이 시는 동요 〈꼬까신〉이 이미 일을 다 해놓았습니다. 이 시를 가르칠 때에는 딱히 별것이 없습니다. 그냥 동요를 함께 부르세요.

　봄, 노란 개나리, 꼬까신, 아기는 사랑스럽고 노랑노랑하고 말랑말랑하고 동글동글하다는 공통점 아래 모였습니다. 귀여움의 최강자들이 모였기 때문에 아이는 신나게 부르고 엄마는 사랑스럽게 부르면 됩니다. 아, 꼬까신이 뭔지는 알려줄 수 있겠네요. 예전에 아기의 꼬까신은 하얀색 고무신을 의미했습니다. 작은 고무신은 또 얼마나 말랑하고 귀여운가요. 우리 아기 발바닥처럼요.

와우~ 떠오른다, 시!

Ep.6

## 🔍 이런 이야기를 해보세요

이 시는 가장 대표적인 '봄'의 시입니다. 우선 아이에게 계절의 순환을 알려주세요. 봄, 여름, 가을, 겨울이 지나면 봄이 다시 돌아온다고 말이죠. 아이들은 의외로 사계에 대해 잘 모릅니다. 봄이 탄생의 계절이고 여름이 무럭무럭 자라는 성장의 계절이고 가을이 열매 맺는 시기이며 겨울이 모든 게 느려지는 계절이라는 사실을 알려주세요.

그리고 아이 자체가 봄이라는 것을 알려주세요. 인간의 전 생애를 계절로 볼 때 어린아이는 봄에 속합니다. 우리는 매년 네 계절을 반복해서 겪죠. 그런데 엄마가 지금 행복한 이유는 존재 그 자체로 봄인 아이와 같이 있기 때문입니다. 사계절이 바뀌어도 "너는 봄이니까 엄마가 너를 안고 있을 때는 매일이 봄이야"라고 말해주세요.

계절을 통해 인생의 흘러감도 알려주세요. "엄마는 지금 여름을 건너 가을에 와 있어. 언젠가는 겨울에 도착할 거야." 아이가 할머니를 다정하게 대해야 할 이유에 대해서도 계절로 알려줄 수 있습니다. 할머니가 왜 달리기를 잘 못하는지도 알려주시고("할머니는 지금 겨울이라 몸이 꽁꽁 얼어서 뼈가 아프다고 하시는 거야."), 할머니와 엄마에게도 봄의 시기가 있었다는 것을 알려주세요.

### 봄 시 그리기

이 시를 그림으로 그리면 그리는 동안 행복해질 겁니다. 노랗고 환한 빛이 도화지 위에 피어나고, 아이 마음에 피어나고, 우리 얼굴에 피어납니다. 아기, 고무신, 개나리 모두 그리기도 색칠하기도 쉬울 겁니다. 귀여운 것들은 꼭 그래요.

### 개나리꽃 종이접기

종이접기를 많이 하면 소근육이 발달하고 머리가 똑똑해진다고 하는데, 꼭 그런 장점이 있어야만 하나요. 종이접기는 그 자체로 재미있거든요. 게다가 종이접기를 잘하면 학교에서 인기도 많아집니다. 종이로 개나리꽃도 접을 수 있어요. 접는 방법이 여러 가지인데 아이 수준에 맞춰 선택해주세요. 종이꽃을 접어서 유리병에 넣으면 예쁩니다. 방문에 붙여도 좋습니다.

# 까치밥

이정록

참새도 먹고
하늘다람쥐도 먹는다.
바람도 떼어 먹고
햇살도 단물 빨아 먹는다.

바닥에 떨어지면
강아지도 핥아 먹고 닭도 쪼아 먹는다.

흙 묻은 데 없나? 보는 사람 없나?
얼른 주워 나도 맛본다.

낼모레는 까치설날
감나무 꼭대기 빈 밥그릇
함박눈이 채워 준다.

**1분
엄마 학교**

'까치밥'은 참 다정한 배려입니다. 저는 앙상한 나뭇가지 끝에 남은 빨간 홍시를 보면 추운 겨울을 녹이는 뜨거운 심장이 떠올라요. 나무 끝까지 장대를 올려 감을 알뜰하게 다 따 먹을 수도 있죠. 그런데도 우리는 높은 곳에 달린 몇 개를 꼭 남겨두곤 합니다. 까치가 먹든, 먹지 않든, 물러서 그냥 떨어지든 상관없이 동물 먹이로 남겨둡니다.

비슷하게는 '고수레'라는 농부들의 행위가 있습니다. 새참을 먹을 때 첫 숟가락은 논둑에 던지는 거예요. 함께 나눠 먹겠다는 말이죠. '생태주의자'라는 말이 생기기 전부터 우리 조상님들은 본질적으로 친환경주의자이며 생태주의자였어요.

와우~ 떠오른다, 시!

Ep.20

까치밥에서 조금 더 나가 우리 전통 문화에 대한 지식을 넓혀보세요. "까치까치 설날은 어저께고요, 우리우리 설날은 오늘이래요"라는 노래를 다들 아실 겁니다. 윤극영 선생이 작사·작곡한 〈설날〉 노래를 이 시와 함께 들으면서 '까치설날'이 무슨 뜻인지 알아보면 잡식도 늘어날 겁니다.

우리에게는 절기라는 것이 있고 세시 풍속이 있어요. 그런데 우리는 이 두 가지를 잃어가고 있어요. 아이들은 음력이 뭔지도 잘 몰라요. 절기와 세시 풍속이 삶과 분리되고 있기 때문에 문화 지식으로 가르쳐줘야 합니다.

모르고 살면 어떠냐고요? 그럼 정말 좋고 아름다운 소설을, 조상들의 시대에 대한 기록을 읽어내지 못할 수 있어요. 과거를 잊으면 미래가 있을 수 없죠. 이 시를 읽고 나서 아이가 궁금해한다면 여러 세시 풍속과 절기에 하는 일을 알려주세요. 뭐가 있냐고요? 단옷날에는 창포물에 머리를 감았고 초파일에는 탑돌이를 했죠. 동지에는 팥죽을 먹었으며 정월 대보름에는 부럼을 깼답니다.

# ✎ 이런 활동은 어때요?

## 동물 유튜브 함께 보기

추운 겨울에 우리나라 동물들은 어떻게 지낼까요. 그 동물들을 위해 무엇을 해줄 수 있을까요. 저희 어머니는 노루가 배고플까 봐 눈이 내리면 고구마를 가지고 산에 가신답니다. 배고픈 산새를 위해 씨앗을 얼음과 함께 얼리는 사람도 있대요. 배고픈 동물을 도와주는 사람들의 활동을 소개하는 유튜브 채널도 정말 많아요. 이런 유튜브라면 같이 봐도 좋겠네요.

# 이 동시는 누가 썼나요?

▶ **강소천 시인**(1915~1963)은 동요 작사가로도 유명합니다. "태극기가 바람에 펄럭입니다"(태극기) "코끼리 아저씨는 코가 손이래"(코끼리) "스승의 은혜는 하늘 같아서"(스승의 은혜)로 시작하는 동요를 들어보셨을 거예요.

▶ **권태응 시인**(1918~1951)은 우리 동시의 1세대 시인입니다. 일본 유학 시절 항일운동을 했다는 이유로 감옥에 갇힌 뒤 병을 얻었고, 한국으로 돌아와 젊은 나이로 돌아가셨습니다. 〈산 샘물〉이 국어 교과서에 실렸습니다.

▶ **김유진 시인**은 그림책, 동시, 평론 등 아동 문학과 관련된 다양한 글을 씁니다. 누리과정 교과연계 도서인 《달라도 친구야》, '토닥토닥 잠자리 그림책' 시리즈, 동시집 《나는 보라》, 《뽀뽀의 힘》, 청소년 시집 《그때부터 사랑》 등을 썼습니다.

▸ **나태주 시인**은 1945년 충청남도 서천에서 태어났습니다. 초등학교 선생님으로 45년을 지내면서 소박한 일상을 따뜻한 눈길로 풀어내는 시들을 써왔습니다. 2014년부터는 나태주풀꽃문학관을 운영하고 있어요. 대표작 〈풀꽃〉 외 여러 편의 시가 교과서에 실렸습니다.

▸ **목일신 시인**(1913~1986)은 "따르릉 따르릉 비켜나세요" 〈자전거〉의 작사가로 잘 알려져 있습니다. 〈누가 누가 잠자나〉, 〈자장가〉, 〈아롱다롱 나비야〉 등 400여 편에 이르는 동시를 지은 우리나라의 대표적인 시인입니다.

▸ **문근영 시인**은 2017년 부산일보 신춘문예로 등단했습니다. 시집 《안개 해부학》, 《그대 강가에 설 때》, 동시집 《연못 유치원》, 《앗! 이럴 수가》, 《두루마리 화장지》 등을 냈습니다.

▸ **문삼석 시인**은 오랫동안 학생들을 가르쳤습니다. 1963년 조선일보 신춘문예에 동시가 당선되어 작품 활동을 시작했고, 초등학교 교과서에 〈기린하곤〉, 〈그림자〉, 〈개구쟁이〉, 〈바람과 빈 병〉 등 6편의 동시가 실렸어요.

▸ **박경종 시인**(1916~2006)은 〈초록 바다〉, 〈꽃밭에는〉 등 1,100여 곡의 동요를 작사한 우리나라의 대표적 아동문학가입니다. 〈초록 바

다〉는 1958년 발표되어 전쟁 후 지친 사람들의 마음을 달래주었고 지금까지도 많은 사랑을 받고 있습니다.

▶ **박승우 시인**은 2007년 〈매일신문〉 신춘문예에 동시가 당선되면서 작품 활동을 시작했습니다. 동시집으로 《백 점 맞은 연못》, 《생각하는 감자》 등이 있습니다.

▶ **박홍근 시인**(1919~2006)은 언론인, 시인, 아동문학가로 함경북도에서 태어나 한국전쟁 때 남쪽으로 내려왔습니다. 그래서 〈나뭇잎 배〉를 고향에 대한 그리움을 담은 작품으로 보는 사람도 있답니다.

▶ **백우선 시인**은 시로 먼저 등단하고 1995년 〈한국일보〉 신춘문예에 동시가 당선되어 작품 활동을 시작했습니다. 시집 《우리는 하루를 해처럼은 넘을 수가 없나》, 《춤추는 시》, 동시집 《지하철의 나비 떼》 《염소뿔은 즐겁다》 등을 펴냈습니다.

▶ **손동연 시인**은 날마다 더 어린 사람이 되고 싶어서 어린이날 결혼했다고 합니다. 시집 《진달래꽃 속에는 경의선이 놓여 있다》, 동시집 《참 좋은 짝》, 《그림엽서》 등을 펴냈습니다. 초등학교와 중학교 국어 교과서에 〈풀이래요〉, 〈낙타〉 등 여러 편의 시가 실렸습니다.

▶ **신현득 시인**은 초등학교 교사를 거쳐 한국일보사 소년한국일보 취재부장을 지냈습니다. 한국에서 가장 오래 시를 써온 분 중 한 분이기도 합니다. 아흔 살이 넘는 나이에 마흔두 번째 동시집을 냈답니다.

▶ **윤동주 시인**(1917~1945)은 기독교 집안이자 독립운동가 집안에서 태어났어요. 시인도 독립운동을 하다 젊은 나이로 세상을 떠났습니다. 〈서시〉와 〈별 헤는 밤〉이 가장 유명하지만, 어린이를 위한 시도 많이 썼답니다.

▶ **윤복진 시인**(1907~1991)은 해방 전까지 우리의 동요문학을 이끌어 간 대표적인 동요시인입니다. 암울했던 시절 우리 정서를 담은 노랫말로 아이들의 마음을 달래주면서 선생님을 모르는 아이들이 없었다고 해요. 한국전쟁 때 북한으로 간 뒤 그곳에서도 활발하게 활동하다가 세상을 떠났습니다.

▶ **이정록 시인**은 37년간 아이들에게 한문을 가르치면서 시를 써왔습니다. 시집 《동심언어사전》, 《그럴 때가 있다》 등과 동시집 《아홉 살은 힘들다》, 《콧구멍만 바쁘다》 등을 펴냈습니다.

▶ **이준관 시인**은 1971년 서울신문 신춘문예에 동시가 당선되어 등단한 뒤 50년 넘게 동시를 써왔습니다. 초등학교 국어 교과서에 동시

〈너도 와〉, 〈그냥 놔두세요〉, 중학교·고등학교 교과서에 시 〈딱지〉와 〈구부러진 길〉이 실렸습니다.

▶ **이창건 시인**은 강원도 철원에서 태어났습니다. 서울 예일초등학교 교장 선생님과 한국아동문학인협회 이사장을 지냈고, 《풀씨를 위해》, 《사과나무의 우화》, 《소년과 연》 등의 동시집과 《비는 하늘에도 내린다》 시집을 내었습니다.

▶ **장서후 시인**은 일러스트 시집 《다시》, 동시집 《독립 만세》를 냈습니다. 〈좋은 엄마〉 동시 공모전 금상, 〈문학세계〉·〈오늘의 동시문학〉 신인상, 목일신아동문학상(동시 부문)을 수상했습니다.

▶ **장세정 시인**은 2006년 월간 〈어린이와 문학〉에서 동시로 추천을 받았고, 2015년 기독 신춘문예에 동화가 당선되었습니다. 동시집 《핫-도그 팔아요》, 《튀고 싶은 날》, 동화집 《내가 없으면 좋겠어?》(공저) 등을 냈습니다.

▶ **정두리 시인**은 초등학교 국어 교과서에 〈떡볶이〉 외 6편의 시가 수록된 시인입니다. 시집 《그윽한 노래는 늘 나중에 남았다》, 동시집 《하얀 거짓말》 외 다수의 책을 펴냈습니다.

# 아이와 함께 부르면 좋은 동요

"넌 할 수 있어"라고
말해주세요

가을 아침

가을길

개고리 개골청
(전라도 민요)

거미가 줄을 타고
올라갑니다

과수원길

꼬마 눈사람

꿈꾸지 않으면

나무의 노래

나비야

나는 산이 좋아요

내가 바라는 세상

네모의 꿈

네 잎 클로버

노을

달팽이의 하루

| | | | |
|---|---|---|---|
| 도레미송 | 도토리 | 독도는 우리 땅 | 똑같아요 |
| 루돌프 사슴코 | 멋쟁이 토마토 | 모두 다 꽃이야 | 문어의 꿈 |
| 바둑이 방울 | 방울꽃 | 보물<br>(자전거 탄 풍경) | 비비디 바비디 부<br>(신데렐라 삽입곡) |
| 산토끼 | 상어가족 | 세계 수도송 | 솜사탕 |

| | | | |
|---|---|---|---|
| 옥수수 하모니카 | 이야이야오 | 자전거 | 종달새의 하루 |
| 주먹 쥐고 손을 펴서 | 쥐가 백 마리 | 참 좋은 말 | 창밖을 보라 |
| 숲속을 걸어요 | 신호등(이무진) | 아기 다람쥐 또미 | 아름다운 세상 |
| 안녕 반가워요 (케냐 민요) | 어린 송아지 | 언덕에 올라 | 얼굴 찌푸리지 말아요 |

체키모레나
(푸에르토리코 민요)

코끼리 아저씨

코끼리와 거미줄

텔레비전에
내가 나왔으면

통통통통
털보 영감님

파란 마음
하얀 마음

파파야 나무를
흔들자

퍼프와 재키

하쿠나 마타타
(창작 동요)

한국을 빛낸
100명의 위인들

할아버지의
낡은 시계

허수아비 아저씨

나만의
동시를 써봐요

나만의
동시를 써봐요

# 나민애의 동시 읽기 좋은 날 필사 노트

# 동시를
# 사랑하는
# ·················· 의 책

김영사

차례

# 나무는

이창건

연 ┌ 행 ← 봄비 맞고

  └ 행 ← 새순 트고

**❶**

가을비 맞고

여름비 맞고

생각에 잠긴다.

몸집 크고 →

**❷**

나무는

나처럼. →

# 어제보다 오늘 더 행복해

소중한
일상의 시

# 풀꽃

나태주

자세히 보아야

예쁘다


오래 보아야

사랑스럽다


너도 그렇다.

# 풀꽃

나태주

# 개울물

권정생

빤들 햇빛에

세수하고

어덴지* 놀러 간다

＊ 어느 데인지

또로롤롱

쪼로롤롱


띵굴렁

띵굴렁

허넓적

허넓적


쪼올딱

쪼올딱


어덴지

어덴지

참 좋은 델

가나 봐.

10

# 개울물

권정생

# 아까워

장세정

빨강은 위험해서 지켜 줘야 해

노랑은 봄에 꺼내 써야 하고

파랑은 좋아하는 색이라 안 돼

분홍은 우울할 때 최고이고

초록을 쓰면 잠을 못 자겠고

보라는 너무 신비롭고

깜장은 까만 눈망울이 울먹이는 것 같잖아

흰색은 하도 하얘서 못 쓰겠고

힝, 새 크레파스 품에 안고

마음만 요래조래 쓴다

# 아까워

장세정

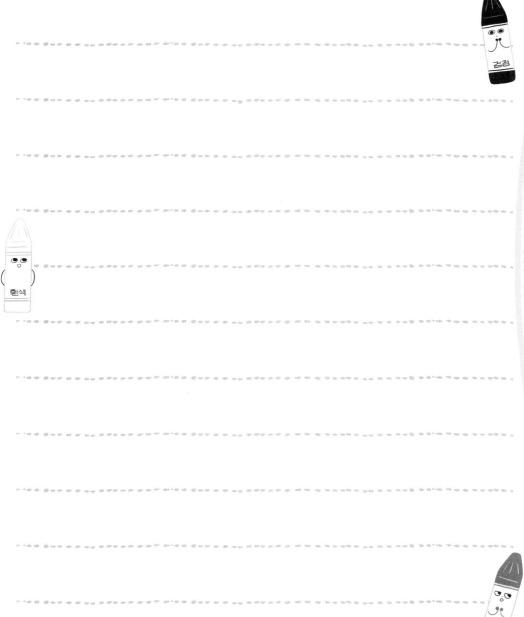

# 김치 노래

김유진

매일매일 배추김치

아삭아삭 깍두기

우적우적 총각김치

잘근잘근 열무김치

새큼새큼 오이김치

돌돌 말아 파김치

골라 먹는 보쌈김치

밥 싸 먹는 갓김치

한여름엔 부추김치

한겨울엔 동치미

안 매운 백김치

나도 김치 양배추김치

# 김치 노래

김유진

# 비눗방울

목일신

비눗방울 날아라

바람 타고 동, 동, 동,

구름까지 올라라

둥실둥실 두둥실

비눗방울 날아라

지붕 위에 동, 동, 동,

하늘까지 올라라

둥실둥실 두둥실

# 비눗방울

목일신

# 나뭇잎 배

박홍근

낮에 놀다 두고 온 나뭇잎 배는

엄마 곁에 누워도 생각이 나요.

푸른 달과 흰 구름 둥실 떠가는

연못에서 사알살 떠다니겠지.


연못에다 띄워 논 나뭇잎 배는

엄마 곁에 누워도 생각이 나요.

살랑살랑 바람에 소곤거리는

갈잎 새를 혼자서 떠다니겠지.

# 나뭇잎 배

박홍근

# 감자꽃

권태응

자주 꽃 핀 건

자주 감자,

파 보나 마나

자주 감자.


하얀 꽃 핀 건

하얀 감자,

파 보나 마나

하얀 감자.

# 감자꽃

권태응

# 2

## 나누면서 커지는 마음

### 공감과
### 배려의 시

# 무얼 먹고 사나

윤동주

바닷가 사람

물고기 잡아먹고 살고

산골에 사람

감자 구워 먹고 살고

별나라 사람

무얼 먹고 사나

# 무얼 먹고 사나

윤동주

# 장갑 한 짝

나태주

눈 내린 아침

눈길 위에 장갑 한 짝


나도 장갑 한 짝 잃고

많이 속상했는데

누군가 많이 속상했겠다


나도 장갑 한 짝 잃고

많이 손 시렸는데

누군가 많이 손 시렸겠다


길가에 잃어진 장갑 한 짝

마음도 한 조각.

# 장갑 한 짝

나태주

# 나눔

장서후

개미들이 줄지어 갑니다

새우깡 하나 귀하게

모시고 갑니다

아기가 쪼그리고 앉아

가만히 바라보다가

다시 새우깡 하나

슬그머니 놓아 줍니다

개미들이 금세 모여듭니다

아기가 환하게 웃습니다

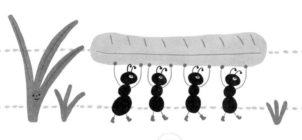

# 나눔

장서후

29

# 나무는

이창건

봄비 맞고

새순 트고

여름비 맞고

몸집 크고

가을비 맞고

생각에 잠긴다.

나무는

나처럼.

# 나무는

이창건

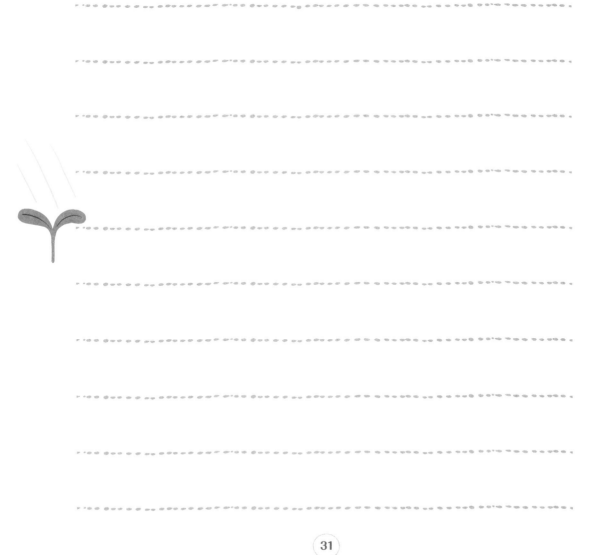

# 북두칠성

김유진

국자가 저토록 크니

하늘나라에선 모두 배부르겠네


멀리서 저 별을 보는 아이도

한 그릇 가득 먹을 수 있겠네

세상 모든 밥그릇이

하늘 국자로 한 국자씩만


그득하게 그득하게 담기면 좋겠네

# 북두칠성

김유진

# 3

## 우리 가족이 제일 좋아

사랑과
우정의 시

# 그냥

문삼석

엄만

내가 왜 좋아?

― 그냥…….

넌 왜

엄마가 좋아?

― 그냥…….

36

# 그냥

문삼석

# 엄마 발소리

나태주

저벅저벅

아빠 발소리

또닥또닥

누나 발소리

자분자분

엄마 발소리

나는 눈 감고도 알아요

창문 너머로도 들어요

그렇지만 자분자분

엄마 발소리

제일 좋아요

38

# 엄마 발소리

나태주

# 귀뚜라미와 나와

윤동주

귀뚜라미와 나와

잔디밭에서 이야기했다.

귀뚤귀뚤

귀뚤귀뚤

아무에게도 알려 주지 말고

우리 둘만 알자고 약속했다.

귀뚤귀뚤

귀뚤귀뚤

귀뚜라미와 나와

달 밝은 밤에 이야기했다.

# 귀뚜라미와 나와

윤동주

# 엄마가 아플 때

정두리

조용하다

빈집 같다


강아지 밥도 챙겨 먹이고

바람이 떨군

빨래도 개켜 놓아두고


내가 할 일이 뭐가 또 있나


엄마가 아플 때

나는 철드는 아이가 된다


철든 만큼 기운 없는

아이가 된다

# 엄마가 아플 때

정두리

# 해바라기

이준관

벌을 위해서

꿀로 꽉 채웠다


가을을 위해서

씨앗으로 꽉 채웠다

외로운 아이를 위해서

보고 싶은 친구 얼굴로

꽉 채웠다

해바라기

참

크으다

# 해바라기

이준관

# 배꼽

백우선

엄마는 아기를 낳자마자

몸 한가운데에다

표시를 해 놓았다.

– 너는 내 중심

평생 안 지워지는 도장을

콕 찍어 놓았다.

# 배꼽

백우선

# 우산 속

문삼석

우산 속은

엄마 품 속 같아요.


빗방울들이

들어오고 싶어


두두두두

야단이지요.

# 우산 속

문삼석

# 4

## 꽃 피고 눈 내리고

♥ 우리
자연의 시 ♥

# 산 샘물

권태응

바위 틈새 속에서

쉬지 않고 송송송.


맑은 물이 고여선

넘쳐흘러 졸졸졸.


푸고 푸고 다 퍼도

끊임없이 송송송.

푸다 말고 놔두면

다시 고여 졸졸졸.

# 산 샘물

권태응

# 눈

윤동주

지난밤에

눈이 소복이 왔네

지붕이랑

길이랑 밭이랑

추워한다고

덮어주는 이불인가 봐

그러기에

추운 겨울에만 내리지

# 눈

윤동주

# 날마다 생일

손동연

꽃 한 송이 피었다,

지구는

조심조심 꽃그릇

새알 하나 깨었다,

지구는

두근두근 새 둥지

# 날마다 생일

손동연

57

# 꽃씨

최계락

꽃씨 속에는

파아란 잎이 하늘거린다.

꽃씨 속에는

빠알가니 꽃도 피어 있고,

꽃씨 속에는

노오란 나비떼도 숨어 있다.

# 꽃씨

최계락

# 초록 바다

박경종

초록빛

바닷물에

두 손을 담그면,　　초록빛

　　　　　　예쁜

파아란　　손이 되지요.　　물결이

초록빛　　　　　　살랑살랑

물이 들지요.　　초록빛　　어루만져요.

　　여울물에

　　두 발을 담그면,　　우리 순이

　　　　　　손처럼

　　　　　　간지럼 줘요.

60

# 초록 바다

박경종

# 5

# 시로 쓴 동물원

## 생태와
## 생명의 시

# 동물나라 옷 가게

박승우

거미가 솔솔 실을 뽑아 오면요

베짱이가 베짱베짱 베를 짜고요

자벌레가 한 치 두 치 재단을 하면요

고슴도치가 한 땀 한 땀 깁고요

전기뱀장어가 매끈매끈 다림질을 하면요

말 잘하는 앵무새가 팔러 다녀요

오늘은 얼룩말에게 옷을 팔았네요

너무 멋지고 잘 맞지 않나요

# 동물나라 옷 가게

박승우

# 닭

강소천

물 한 모금 입에 물고,

하늘 한 번 쳐다보고.


또 한 모금 입에 물고,

구름 한 번 쳐다보고.

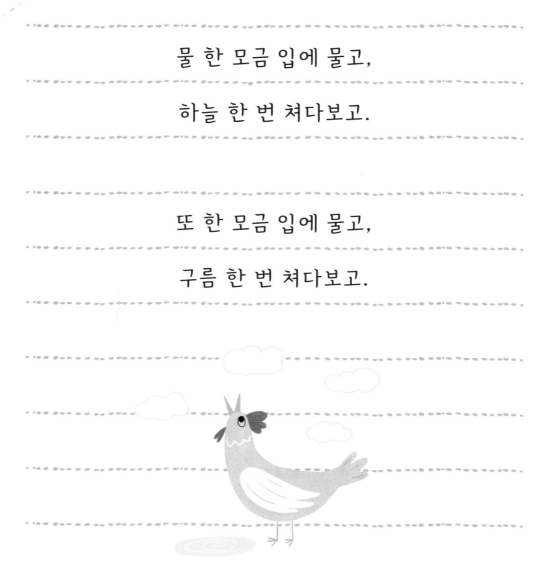

66

# 닭

강소천

# 사슴 뿔

강소천

사슴아, 사슴아!

네 뿔엔 언제 싹이 트니?


사슴아, 사슴아!

네 뿔엔 언제 꽃이 피니?

68

# 사슴 뿔

강소천

# 연못 유치원

문근영

올챙이, 수채, 아기 붕어가

같이 다녔대


올챙이는

개구리가 되어 뛰어나가고


수채는

잠자리가 되어 날아가고


지금은

붕어만 남아

연못 유치원을 지키고 있대

# 연못 유치원

문근영

# 누가 누가 잠자나

목일신

넓고 넓은 밤하늘엔

누가 누가 잠자나

하늘나라 아기별이

깜빡깜빡 잠자지

포근포근 엄마 품엔

누가 누가 잠자나

깊고 깊은 숲속에선

우리 아기 예쁜 아기

누가 누가 잠자나

쌔근쌔근 잠자지

산새들새 모여 앉아

꼬박꼬박 잠자지

# 누가 누가 잠자나

목일신

# 아기 염소

이해별

파란 하늘 파란 하늘 꿈이

드리운 푸른 언덕에

아기 염소 여럿이

풀을 뜯고 놀아요

해처럼 밝은 얼굴로

빗방울이 뚝뚝뚝뚝

떨어지는 날에는

잔뜩 찡그린 얼굴로

엄마 찾아 음매

아빠 찾아 음매

울상을 짓다가

해가 반짝 곱게 피어나면

너무나 기다렸나 봐

폴짝폴짝 콩콩콩

흔들흔들 콩콩콩

신나는 아기 염소들

# 아기 염소

이해별

# 6

## 할머니, 할아버지 어렸을 적에는

근현대
문화 시

# 숨바꼭질

윤복진

꼬옥꼬옥 숨어라          꼬옥꼬옥 숨어라

꼬옥꼬옥 숨어라          꼬옥꼬옥 숨어라


텃밭에는 안 된다          종종 머리 찾았다

상추 씨앗 밟는다          장독 뒤에 숨었네


꽃밭에도 안 된다          까까중을 찾았다

꽃모종을 밟는다          방앗간에 숨었네


울타리도 안 된다          금박댕기 찾았다

호박순을 밟는다          기둥 뒤에 숨었네

# 숨바꼭질

윤복진

# 옥중이

신현득

옥중아 옥중아

너는 커서 뭐 할래?

보리밥 수북이 먹고

고추장 수북이 먹고

나무 한 짐

쾅당! 해 오지.

# 옥중이

신현득

# 씨 하나 묻고

윤복진

봉숭아 나무

씨 하나

꽃밭에 묻고,


하루해도

다 못 가

파내 보지요,


아침결에

묻은 걸

파내 보지요.

82

# 씨 하나 묻고

윤복진

봉숭아 나무

# 꼬까신

최계락

개나리 노오란

꽃그늘 아래

가지런히 놓여 있는

꼬까신 하나

맨발로 한들한들

아가는 사알짝

나들이 갔나

신 벗어 놓고

가지런히 기다리는

꼬까신 하나

# 꼬까신

최계락

# 까치밥

이정록

참새도 먹고

하늘다람쥐도 먹는다.

바람도 떼어 먹고

햇살도 단물 빨아 먹는다.


바닥에 떨어지면

강아지도 핥아 먹고 닭도 쪼아 먹는다.


흙 묻은 데 없나? 보는 사람 없나?

얼른 주워 나도 맛본다.


낼모레는 까치설날

감나무 꼭대기 빈 밥그릇

함박눈이 채워 준다.

# 까치밥

이정록

참 잘했어요!
다음에 또 만나요

**참고한 책**

· 김유진, 《나는 보라》, 창비, 2021

· 김유진, 《뽀뽀의 힘》, 창비, 2014

· 박승우, 《힘내라 달팽이!》, 상상, 2022

· 손동연, 《날마다 생일》, 푸른책들, 2023

· 이정록, 《콧구멍만 바쁘다》, 창비, 2009

· 장세정, 《모든 순간이 별》, 상상, 2022

· KOMCA 승인필−이 필사 노트에 수록된 〈아기 염소〉 가사 인용은
한국음악저작권협회의 승인을 받았습니다.

| 어린이제품 안전특별법에 의한 표시사항 | **제품명** 도서 **제조년월일** 2025년 3월 28일
**제조사명** 김영사 **주소** 10881 경기도 파주시 문발로 197 **전화번호** 031-955-3100 **제조국명** 대한민국
**사용연령** 7세 이상 ⚠**주의** 책 모서리에 찍히거나 책장에 베이지 않게 조심하세요.